特别感谢：

今日浙江杂志社
盾安控股集团有限公司

智慧人生
积极生活

庄恩岳　著

中国时代经济出版社

图书在版编目（CIP）数据

智慧人生　积极生活 / 庄恩岳著. —北京：中国
时代经济出版社, 2013.2

ISBN 978-7-5119-1402-6

Ⅰ. ①智… Ⅱ. ①庄… Ⅲ. ①人生哲学－通俗读物
Ⅳ. ①B821-49

中国版本图书馆 CIP 数据核字(2013)第 019273 号

书　　　名：智慧人生　积极生活
作　　　者：庄恩岳
···
出版发行：中国时代经济出版社
社　　　址：北京市丰台区玉林里 25 号楼
邮政编码：100069
发行热线：（010）68350173　68312508
传　　真：（010）68320634　68320484
网　　址：www.cmepub.com.cn
电子邮箱：zgsdjj@hotmail.com
经　　销：各地新华书店
印　　刷：北京画中画印刷有限公司
开　　本：880×1230　1/32
字　　数：110 千字
印　　张：6.75
版　　次：2013 年 2 月第 1 版
印　　次：2013 年 2 月第 1 次印刷
书　　号：ISBN 978-7-5119-1402-6
定　　价：26.00 元
···

前　言

　　我们的物质生活虽然富裕了，但是人们的快乐感觉却少了。好多人每天烦恼不断，没有心平气和的时光，身心被各种名利所羁绊，焦虑、烦躁、痛苦、不安、恐惧等坏情绪经常缠绕着，亚健康已经成为其亲密的伴侣，各种各样的现代病不时侵入，甚至有不少人悲伤地夭折……这是为什么呢？

　　实际上，我们心灵的痛苦远比肉体的痛苦更难承受，多少人到深夜无法安心入睡。那些肉体的损伤、溃疡等疼痛，还可以忍耐和承受，而各种灵魂的烦愁、怨恨等痛苦，却会时时吞噬每个孤独的心灵。肌体的疾病，多数由心灵的扭曲所引起。所以说，心病还得心药治，医治心灵的创伤更为重要。

　　不要沉浸于追逐各种过眼云烟似的名利。道德修养要往上看，往上比，多向高尚的人学习。物质生活水平要往下看，往下比，多想自己拥有的幸福，知足才能常乐。人生有得必有失，得失总平衡。如果一个人只去追求虚无的浮名，那么他的一生就会充满痛苦的乌云。猛回头，短暂一生匆匆已过，而生活中最值得珍惜和享受的东西，却一点也没有得到，许多人为此失落，为此追悔。人只有在生命的尽头，才会领悟："为了追求无聊的东西，而丢失了许多宝贵的东西，这是多么不值得啊！"

"最重要的是今天的心情。"何必为痛苦的悔恨而丧失现在的心情，何必为莫名的忧虑而惶惶不可终日。过去的已经一去不复返，再怎么去懊悔也是无济于事。未来的还可望而不可即，再怎么去忧虑也是空悲伤。快乐活在当下，今天才是实实在在的。今天的心，今天的人，今天的事，才是生命中最重要的元素。

找到自己的心，认识自己的心，明白自己的心，获得自我智慧的心路非常重要。心稳如泰山，不要迷失在生存环境中的那些是非、麻烦、烦恼、忧伤以及恐惧里面，面对烦恼的世界能够做到心平气和地快乐生活，这就是我们要追求的人生大智慧。"迷时千卷少，悟来一字多。"六祖说："一灯能除千年暗，一智能波万年愚。"知识和智慧是两码事，人生没有智慧，是十分痛苦和烦恼的事情。有智慧的人，必能装下整个世界而不满。没有智慧的人，身扫一屋尘土还忧心忡忡。有一个故事："从前有一个老妇人，无论是晴天还是雨天，每天都坐在家里哭泣，有人问她为何哭泣？她说：我有一个儿子和一个女儿，儿子卖雨伞，女儿卖鞋子。雨天替女儿担心卖不出去鞋，晴天替儿子担心卖不出去伞。那人听了对她说，你应该天天高兴才是，雨天卖伞的儿子有生意，晴天卖鞋的女儿有生意。从那以后，无论是晴天还是雨天，她都是开开心心的。"这就是心念改变的力量。还有一个故事："从前印度有一个盲人，在公园里拾到一枚金戒指，很不开心。围观的人很奇怪，说你的运气多好啊，我们眼睛明亮的人都没有你的好运气。盲人却说，你们别欺骗我，我是盲人都能够拾到金戒指，那么你们眼睛好的人一天不知道拾到多少个？"所以，贪婪的心念一起，痛苦和烦恼就来了。倘若自己的心平静如水，不起邪念，那么痛苦和烦恼从何而来呢？

从2009年1月起在《今日浙江》杂志社每月一期刊登我这十年关于人生思考的一些文章。感谢《今日浙江》杂志社领导和同志们的关照，感谢盾安控股集团有限公司的大力支持，感谢广大读者的厚爱，感谢《读者》杂志社和许多媒体的厚爱，从不同角度多次选载这几年的专栏文章。感谢出版社再一次把这些文章结集出版。

目　录

第一部分

积极心态

　　我们常常不能改变世界，唯一能够改变的就是自己。尽管生命无常，生活起伏大，人生充满许多不如意的东西，但是有不少东西是完全可以把握的，那就是我们工作和生活的态度。有人说，"每个人身上都有一种看不见的法宝。它的一面写着'积极心态'，另一面写着'消极心态'。积极心态可以使你达到人生的顶峰，而消极心态会使你一生贫苦与不幸。"

　　心态不仅影响工作和生活，而且决定一生的命运。一个人心态好，即便目前找的工作不是自己理想的目标，也能够心满意足、心安理得、心平气和，而这种积极的心态，就会带来愉快的工作态度，其工作效果就好，并逐渐引导我们走向成功的道路。如果对工作心不在焉，或者心烦意乱，这种消极的心态就会带来不愉快甚至是恶劣的工作态度，其工作效果就差。能够做好自己不愿意做的事情，这也是人生的智慧，更是生存的策略。这个世界，这个工作，这个岗位，不是为了你一个人而存在的。既然你已经到了这个工作岗位，就要努力地把这份工作做好，这也是一种人生的责任。

积极的心态能够调动一个人的心灵力量，而且可以不断挖掘潜在的心灵力量，使其工作水平的发挥达到一种好的状态，甚至是完美的境界。相反，消极的心态往往阻挡心灵力量的发挥，更不用说挖掘内在的心灵力量了。它使一个人容易陷入悲观失望、得过且过、烦恼痛苦以及忧虑无奈的泥潭。其实，同样的工作环境，如果心态不同，其对工作环境的态度也是不一样的。积极的心态面对再不好的工作环境，也是气定神闲的，一点没有那种烦躁、抑郁、悲观和自卑的情绪。消极的心态面对再好的工作环境，也是悲哀叹息，感觉处处不如意。

陶渊明的"结庐在人境，而无车马喧。问君何能尔，心远地自偏。"就是一种好的心态。有人问一个在事业上取得巨大成功的人士，最关键的因素是什么？那人说："最关键的因素是我在工作中的心态很好，所以工作的状态也好。"思想决定行为，而正确的思想往往是良好的心态引导的，所以心态左右个人的行为。境随心转，乐观时看到的是美好的景色，悲观时看到的是萧条的景色。譬如林黛玉的"葬花"，实际上就是心态问题。在别人眼里，满园春色，桃红李白意味着无比美好的新春景象。可是在她眼里，片片桃花随春风悄然落地，好像她的不幸、无奈和绝望的人生。所以说，同样的桃花同样的春色，不同的心境不同的感受。

快乐工作

美国一次舆论测验，有一题为"你认为人一辈子最重要、最幸福的事情是什么？"许多人认为："能够做自己喜欢的工作，并且从中挣钱，这是人生最重要、最幸福的事情。"可是，人的一生中有多少时间是在从事自己喜欢的工作？恐怕不是很多。好多人陷入烦恼的苦海，为自己不喜欢的工作而愤怒和烦忧，这是人生痛苦的根源之一。特别是当前大学生就业难，许多人老是去寻找所谓理想的工作，但是现实总是相背。比利时的一家杂志曾经就"你一生中最后悔的事情是什么"为题，对全国60岁以上的老人进行了一次专门的调查，大约有72%的老人认为："自己在年轻时心浮气躁，工作态度不够积极，没有奋发努力，等到自己明白过来，为时已晚，以致后来事业无成。"

受良好心态的影响，即使是艰苦的工作环境，心情也是快乐的、愉悦的。如果是恶劣的心态，即使是舒适的工作环境，心情也是苦闷的、忧郁的。人的一生，年轻的时候，不要害怕，应该积极去努力，这样老年就不至于懊悔。那种对工作经常挑三拣四，不是这个不顺眼，就是那个不如意的人，几年下来，人也累了，心也烦了，名也坏了，再想做什么事情，也非常困难了。人生苦短，其一生就这么平淡地过去了。人生的成功往往有两种概念："一种是偶然灿烂的成功，一种是习惯于成功的成功，也就是积极态度的成功。"有报道说："一个日本人在冰窖里生活了一年，于是被人们视为奇迹和英雄。"殊不知爱斯基摩人要在冰窖里生活一辈子，人们却习以为常。我们赞美新西兰人希拉力第一个成功登顶珠峰，但是却忽视了那个向导，就是他帮助了希拉力，在攀登珠峰过程中他被希拉力视为灵魂和寄托。可是，登顶珠峰对于那个向导来说只是工作，为了谋生的一份工作。

人人都想做大事情，这是一种本能，完全可以理解，但是这种欲望如果不加以正确引导，人生就容易走上岔路。许多人刚走上社会，开始心气很高，定位很不正确，认为自己就是救世主，是来解决社会大问题的，自己有知识、有能力来做大事情。但是，许多时候这样不切实际的想法，往往导致一个人在社会上总是碰得头破血流，有时候连自己的生存都很困难。人们总是喜欢高估自己，认为自己是多么了不起，实际上这种想法会害了自己。所以，我们的工作态度一定要端正。工作的门槛一旦迈进去，就没有回头的机会。为什么有的人迈得很轻松，而有的人却迈得很痛苦？为什么有的人工作愉快，进步飞快，而有的人工作烦恼，总是停步不前？实际上主要原因还是一个人对于工作的态度问题。

工作态度

据来自哈佛大学的一份研究报告称:"一个人如果得到一份工作,那么能不能做好,85%取决于其工作的态度,只有15%取决于其智力和能力等。"所以说,工作成绩的好坏,主要取决于工作态度,而不是那些所谓高学历、高水平等东西。工作态度是一面镜子,能够照出一个人的内心世界,可以反映一个人的精神面貌和思想品德。同时,工作态度也是衡量一个人生存环境好坏的试金石。

美国学者莫尔腾先生在谈一个人工作态度的重要性时说:"检验人的品质有一个最简单的标准,那就是看他工作时所具备的精神和态度。工作是一个人人格的表现,是'真我'的外部写真。看到一个人所做的工作,就'如见其人'。"积极的工作态度,会使人更优秀,更能干,更强大。当一个人成为社会某一个群体不可缺少的一部分时,那么这个人就彻底成功了。而当一个人变成社会可有可无的人时,其人生的悲剧就真正来临了。即使再差的工作,你也不要心生厌烦之情。努力工作，掌握工作的技巧，使自己在单位里成为不可或缺的人，那么你就会变得强大，就能够得到幸福和快乐，就有美好的生活。

厌烦工作是不幸的开始。即使工作环境一时很不如意，理想与现实有很大的差距，也不要产生消极心理。否则会越来越烦恼，越来越痛苦，最后很难生存下去。特别是新进一个单位，更不能事事看不惯，时时去抱怨。一般来说，单位对于每一个新进的人，总是一视同仁。无论你在学校或者原来单位是多么的优秀，到新单位都得重新开始，从零开始。

自我负责

　　人生没有人会给你负责，你只能自己给自己负责。离开良好的工作态度，实际上就进入了人生的死胡同。只能去适应这个世界和工作环境，而不是让社会来适应你。一个人再有本领，再有大的学问，也不要去做不自量力的事情。积极的工作态度，就是一开始不喜欢的工作，逐渐地自己会喜欢，并且能够干出名堂来。消极的工作态度，就是工作环境很好，自己会逐渐地厌烦，并且不能胜任工作。改变人生态度，努力做好工作。微笑面对同事，积极态度面对工作。不管你喜欢不喜欢工作环境以及周围的同事，这些总是客观存在的事实。改变一个人的态度，变不喜欢为喜欢，就会热爱工作，发现同事的优点。

　　"人生在世，我们都渴望建功立业，也希望参与公平竞争，但事实上，世界上真正的公平竞争很少，总有这样那样的不公平因素。"积极努力工作是最好的选择，因为积极的工作态度使人更优秀。美国前国务卿赖斯，其奋斗史很有传奇色彩，短短20年时间，她就从备受歧视而成为受人尊敬的人。赖斯经常牢记父母的话："改善黑人状况的最好办法就是取得非凡的成就，如果你拿出双倍的劲头往前冲，或许能赶上白人的一半；如果你愿意付出四倍的辛劳，就得以跟白人并驾齐驱；如果你愿意付出八倍的辛劳，就一定能赶在白人前头。"于是她发奋学习，不断积累知识，迅速增长才干。我们应该付出"八倍的辛劳"，以积极工作态度的优势来取胜。如果身处逆境，时常埋怨生存环境不好，或者为受到不公平待遇所烦，那是怨天尤人，对自己很不利。

读懂权力

如果一个人把人民给的权力当作自己的本领，那么这个人迟早是要出事的。有了一点权力，就沾沾自喜，可不是好兆头。因为离权力太近的人，倘若不谨慎，很容易成为权力的奴隶。权力与钱物等是"亲戚"，一不小心就容易被它们所诱惑，结果就失去了宝贵的自由，甚至生命。

为官的不去想权力的责任，而光考虑权力所带来的好处，那是人生的灾难。责任和权利是紧密相连的，也是对等的。不想承担权力的责任，也无法享受任何的权利。首先要想自己能不能负担起这份沉重的权力责任，会不会给国家和人民带来什么不利，而不是挖空心思地去琢磨能够享受到什么好处，带来什么荣誉。当自己被任命的那一刻，就要沉重地思考："能不能把人民给予的岗位工作做好？怎样为党为人民为国家负责？如何避免道德风险？"而不是春风得意，认为自己很有水平，很了不起，目空一切。一个人没有任何约束、为所欲为的时候，其灭亡的悲惨世界也来到了。

作为一个有权力的人，必须有敬畏的东西。要敬畏人民，敬畏法律，注重舆论监督，依原则办事，向人民负责。一个没有什么敬畏、不注意舆论监督，认为有权就是一切的人，是十分可怕的。有权力的人更要认清自己，谦虚谨慎，秉公办事，兢兢业业。世间最大的奖赏永远归于能信守原则的人。利用自己的权力，来践踏原则，甚至法律，会变成人民的罪人。

一个有权力的人，必须要经得起他人的吹捧和恭维的考验，更要有警惕心。不要认为围着自己转的人很多，就轻飘飘的，认为自己本领很大。岗位的权力是一时的，做人是永远的事情。在头脑发热的时候，更要清醒地思考，如果自己没有什么权力，别人还会来巴结吗？许多人是有企图而来的，总是想来图点什么。要有预防思想，特别当家门口热闹的时候，要多问几个为什么。一个人感觉越是良好，自认为自己水平很高，就越听不进去别人的意见。结果一些会拍马屁的小人就包围了他，他们会看风使舵千方百计顺从他。许多人都去吹捧和巴结一个人的时候，其潜在的危险是很大的。许多人都向一个人提供微笑的时候，其麻烦和烦恼往往是巨大的。

恭维容易使人失去警惕，容易使人产生自己很有本领的错误感觉。有人有点权力，就越会接受别人的恭维。但是，恭维有时候好像鸦片一样，很快就让人上瘾。恭维的人一多，就出现了微妙的变化，譬如本来是一般的人，此刻也认为自己与伟人一样的不平凡了；本来还保持谦虚谨慎的态度，不久就得意忘形起来。实际上，别人不是恭维你本人，而是在恭维"权力"。如果自己连这一点都看不清楚，那么以后的日子就很危险。你越是需要别人的恭维，那么就越有可能受到别人的支配。当别人的恭维成为一种强大的支配力量时，你就完全被动了。

谨慎做官

被人琢磨，多隐藏危险，而不是有本领的象征。有权的人容易被人琢磨，并且越是大权在握的人，越会被人众星捧月般地包围。如果这些人不自重自爱，不警惕别人的刻意奉承，不拒绝他们的糖衣炮弹，错把自己工作岗位的权力，当作自己的本领，那么肯定会犯永远不能宽恕的错误。世界上哪里有平白无故的付出。不正当的权钱交易，要付出沉重的代价。不要一时糊涂而后悔一生。人家来求你办事，拿金钱等东西来贿赂你，你应当感觉紧张、不安和警惕，应该自觉拒绝，而不是感觉良好，认为是理所应当的事情，否则人生的灾祸就埋下了。

别让权力使自己盲目，他人的巴结多是冲着权力而来。一个被权力的魔法迷住双眼的人，既是世界上最愚蠢的人，又是最可怜、可悲的人。别人看你是一个有利用价值的人，于是就会围着你转。不是今天邀请你吃饭，就是明天邀请你活动，如果你认为他人盛情难却，与其交往无非就是吃一顿饭，也没有什么企图，于是放松应该有的警惕，那么人生的不幸就已经来到了。

最好的策略就是时刻保持头脑的清醒。越是没有人监督，就越要严格要求自己。不要认为别人管不了自己。无人监督是坏事情，如果自己再不监督自己，那么麻烦就大了。国家的法律是无情的，你一旦触犯了，就要受到严厉的惩罚。"做好人是一辈子的事情，需要一生的谨慎和智慧。而做坏人只要一时放纵自己就可以了。"一个人的美名不是一天能够得到的，而恶名却是随时都可以得到的。作为有权力的人，更应该把人生的修炼当作终生的必修课，不能有任何的偷懒或者过多的宽让，更不能以任何借口来放纵自己。

一个拥有权力的人，更应该保持谨慎、谦虚和廉洁的人生态度，时刻警惕、预防潜在的风险。多自爱、多自重、多自省，经常对自己敲警钟，那么就不会走上人生的弯路。任何的工作岗位都有两重性，譬如自己走上炙手可热的岗位，那么更要想到岗位背后巨大的风险，更得头脑清醒，更要有如履薄冰的感觉，谦虚做人、谨慎做官。

不攀不比

健康、快乐和拥有今天，是一个人获得人生幸福的三大法宝。可是现在有许多人活得并不快乐，不是工作充满烦恼，就是生活充满郁闷，那是为什么呢？主要原因之一就是有人喜欢乱攀比，而忘记了今天拥有许多快乐的自我。

一个人快乐与否，不在于他拥有什么，而在于他怎样看待自己的拥有。也就是说，快乐是一种积极的生活和工作态度。要知道谁都无法让我们"平安无事、无忧无虑"地过一辈子，唯有"苦中作乐"，才能真正战胜自己的烦恼和忧愁，享受自己的快乐。有钱能快乐吗？不一定，我们可能为金钱的保管、贬值以及自身安全而痛苦呢！有权能快乐吗？不一定，"高处不胜寒"，我们可能因为孤独、寂寞而郁郁不乐呢！有名能快乐吗？不一定，我们可能为舆论界的或贬或褒而深深地烦恼呢！有貌能快乐吗？不一定，古人说"红颜薄命"，因为美貌，可能会任性，娇气太重，因此也会带来许多麻烦，甚至灾难。英国黛安娜王妃曾有过全球瞩目的"世纪婚礼"，拥有全世界都羡慕的

"美貌、名利和权势"，可是她内心快乐吗？相信大家一定难忘德蕾莎修女的葬礼，多少人怀念她、追悼她。德蕾莎修女一身布衣，粗茶淡饭，却甘之如饴。她把爱心奉献给穷人，致力于照顾贫困、濒临死亡之人。她的内心是快乐的。这样的例子实在是不胜枚举。

快乐活在当下

快乐是人生永恒的主题。假如人生没有快乐相伴，那么人生肯定是暗无天日的。尼采说，人生就是一场苦难。诸如感情破裂、亲人丧失、婚姻解体、疾病缠绕、遭遇下岗失业、恐惧死亡、名誉扫地、为温饱而挣扎、整天忙于琐细事务、不得不与讨厌的人打交道……也许因为人生烦恼太多，痛苦太甚，也许因为人生快乐太少，愉悦难觅，所以人们总以渴望之心去祈祷："祝您快乐！"

快乐是什么？众说纷纭。钱钟书先生把快乐比喻为："快乐是哄小孩吃药的方糖，是挂在狗鼻子上的骨头。"古希腊哲学家伊壁鸠鲁认为，以道德、教养为规范的享乐是人生至善之境。"快乐是幸福生活的开始和终结。"18世纪英国心理学家霍布斯认为，快乐是"善"的感觉，是心灵的"表象"，而痛苦则是"恶"的感觉，是良知的"隐象"。罗兰女士认为，快乐是一种美德，因为它不但表现自己对世界的欣赏与赞美，也给周围的人带来温暖和轻快。快乐就是幸福，一个人能从日常平凡的生活中发现快乐，就比别人幸福。所以说，快乐是一种纯主观的内在意识，是一种心灵的满足程度。

改变一个人的心态，可以得到自己的快乐。乐观豁达的人，能把平凡的日子变得富有情趣，能把沉重的生活变得轻松活泼，能把苦难的光阴变得甜美珍贵，能把烦琐的事项变得简单可行……这时候快乐已经来临。悲观懊丧的人，总是把烦恼表达在自己的嘴上，总是把苦难书写在自己的脸上，总是把忧愁闷在自己的心上，总是把忌妒嵌在自己的眼上，总是去乱攀比（比工作好坏，比待遇高低，比收入多少，比房子大小……），这时候快乐已经逃之夭夭。

其实获取快乐不困难！不与别人盲目攀比，知足就能常乐，否则，总疑春色在人家，何时才有快乐呢？不过分注重缺憾，知道世上没有十全十美的东西，就会快乐无比。以感恩之心来感受生活和工作之美，就会快乐不已，否则，总以抱怨之心，何处不是阴云淫雨，烦恼不尽呢？以宁静之心来感受人生，对于快乐应该欣慰，对待痛苦，应该感激。人活着就必须面对各种各样的痛苦，生活本身就是在许多的辛苦和烦恼中存续的，从痛苦中了解人生的真谛，从困难中取得生存的经验，从愁怨中得到快乐的源泉，善于超越苦难，超越自我，我们就会欢乐常有。

人生不苛求，不为小事烦心，就会快乐常伴。不以自己的过错来惩罚自己，不以自己的过错去惩罚别人，也不以别人的过错来惩罚自己，那么就会快乐不尽……

"智慧是由听而得，怨恨是由说而生。"先哲们说："同是一件事，想开了是天堂，想不开是地狱。"生活的主体是自己，自己才是生命的主人。人的痛苦多半来自于乱攀比和不现实的野心，而快乐则多半来自于自己的真心实意。人的不幸多是背叛自己，而人的幸福多是肯定自己。我们无法去改变别人的看法，能改变的恰恰只有我们自己。学会寻找自己生活和工作的快乐，是一种积极的人生态度，让我们赶快抛开烦恼，去寻找人生今天的快乐吧！

戒除贪婪的欲望

心生贪婪的欲望，必定带来不法的行为，结果导致一个人的灭亡。唐太宗李世民曾用"明珠"、"鱼"和"鸟"的形象比喻来告诫大臣们，千万不可贪赃枉法。他说："明珠虽然珍贵，但是人的生命要比明珠更珍贵。""假如一个人心中充满了贪欲，眼中只有金钱，而不怕国家的法律，那么这就是不爱惜自己的生命。拿宝贵的生命做儿戏去换取明珠是最愚蠢的。"他又说："鱼生活在水里，还怕不够深，又在水底的洞穴里寻找藏身之地，可是为什么还是被人类所捕获呢？就是因为鱼儿贪吃诱饵。"他又比喻道："鸟把巢建在高高的树梢上，却还是成为人类的盘中餐，就是因为贪吃诱捕的谷物。"

多一分贪欲，就多一分痛苦和烦恼。少一分贪欲，就多一分快乐和宁静。贪欲好像是一根链条，不能摒弃贪欲，就会被其绞死。贪欲又好像是一支火把，点燃了就不容易熄灭，往往还会引火烧身。为什么许多人不能控制贪欲，因为他们总能为贪欲找到一个合理的借口。而且贪欲越多，所谓合理的借口也越多。结果到人生灾难出现时才懊悔，可是已经太迟。

一个人有欲望是正常的，但是这种欲望必须是正当的，既符合国家法律规定又遵守社会伦理道德的规范。这种正当的欲望会激发一个人的活力，引导其不断地前进。假如这种欲望是不正当的，那么容易变成致人烦恼、麻烦或者死地的魔鬼。所以，必须谨慎对待各种欲望并善去不良欲望。所谓"贪图财富，就会丑态百出；贪图虚名，就会不顾脸面；贪图权术，就会六亲不认；贪图舒适，就会懒散堕落；贪图美貌，就会'金玉其外，败絮其中'"。

不贪婪不愚蠢

　　人生的烦恼和痛苦，多是因为贪婪的恶魔在作怪。不能想的非要去想，不能拿的非要去拿，不能贪的非要去贪，那不叫执着和聪明，而是糊涂和愚蠢。不顾国家的法律去满足自己的私欲，只能让自己快速灭亡。有贪欲必痛苦，一个人肯定会生活在水深火热之中。当然，能够看到心中贪婪的恶魔，并且马上予以清除，那是大智慧的人。已经让贪婪的恶魔跑出来，但是能够及时发现，并且能够及时改正，那么还可以拯救自己的灵魂。

　　贪欲会使生命没有尊严。很多时候，人都是自作自受，不应该自得的东西，偏要去强求，结果不必要的麻烦和痛苦就来了。大千世界，无奇不有，稍有不慎，就会误入各种陷阱。生命的尊严没有了，那些财物和懊悔又有什么用呢？有贪欲的人，最不容易满足。一个人如果把个人利益看得太重，并且欲壑难填，肯定会活得痛苦，并且容易出事。如果放纵自己的欲望，贪婪无度，没有原则，没有法律，没有道德，没有底线，那么等于怀抱危险的炸弹在生活。

一定要去掉各种贪欲，以国家和人民利益为重，不要迷失人生的正确方向，不被金钱等物质利益所诱惑，以避免可鄙的下场。真正的智慧者，从来不会成为贪欲的奴隶，而被其所囚禁，或者被其所埋葬。无欲则刚，心底无私天地宽。为官者若心中没有一点私利的欲望，就能不为权钱交易者的"糖衣炮弹"和花言巧语所动，就会秉公为人民和国家办事。只有无私，才会无畏！只有无欲，那么什么时候都会刚。心底无私不但天地宽，而且说话底气也足，办事原则性也强。我们认真想一想，为了一点贪欲，而被人利用，违反国家法律和做人的原则，是否太不应该了，太不值得了？！

不要放弃现在平实又幸福的生活，而去拼命追逐那些虚无缥缈的生活。一个人若不能心安理得地生活，也不可能过上好的幸福的日子。古希腊哲学家德谟克利特认为："卑劣地、愚蠢地、放纵地、邪恶地活着，与其说是活得不好，不如说是慢性死亡。""通过对享乐的节制和对生活的协调，才能得到灵魂的安宁。"我们若能高尚地、智慧地、节制地、正直地生活，那么这一切将给自己带来心灵的宁静。我们仔细想一想：家中没有人疾病缠身，没有人身陷牢笼，难道这不是幸福吗？

放纵是祸

　　那种随意放纵自己的人，是对其人生极端的不负责任，必将带来不必要的灾难。放纵自己的言语，会惹上飞来横祸；放纵自己的行为，会招致麻烦或者灭顶之灾。

　　没有约束的人生，会误入人生的歧途。人的灵魂需要修炼，一刻也不能放松警惕，所以一要自省自醒，二要善待别人的批评。以此作为一面镜子，照清那些蒙在心灵中的灰尘，并及时予以打扫，这样才不至于犯下不可饶恕的错误。

　　个别有权力的人容易随意放纵，也喜欢随意放纵，有的人错误地认为这就是个性，或者就是人格魅力的象征，其表现形式之一就是骄傲张狂，从而造成人生惨败。大自然的许多灾难给我们无数的人生启迪，譬如草原上一点小小的火星，如果不及时把它扑灭，片刻之间就会形成大火海。同样道理，千里之堤，溃于蚁穴。我们不能忽视个人细小的坏习惯，也许无意之中会断送一个人的前程。要坚决清除"大错不犯，小错不断"的思想，时刻警惕小的过错。一个小处随便的人，大处肯定会吃亏后悔。一个人若原谅自己小的过错，等于丧失警惕，放纵自己的行为，就会埋下悲剧的祸根。根除小的过错较为容易，可以随时清除。根除大的过错却很艰难，要付出巨大的代价。

特别要根除贪婪的欲望，绝对不能对其放纵。贪得无厌的结果，往往是一贫如洗。明末陈继儒在《安得长者言》中劝解世人："贪贫相近，做人切记。"什么人最富有？知足者最富有。什么人最穷困？贪婪者最穷困。人生苦短，若一生刻意为虚幻的名利奋斗，贪求浮名浮利，那么一辈子不得安宁，不仅心力交瘁，甚至会招来杀身之祸。为官者，虽然到了一定职位，不是想着廉洁奉公，尽心尽职努力工作，锐意进取，为国家和人民多作贡献，而是贪心不足、怨言满腹，甚至不择手段谋权谋利，最后肯定摔得鼻青脸肿，落得一个可耻的下场。为商者，虽然挣了百万元，却想着千万亿万元，不是合法致富，而是挖空心思挣黑钱，最后往往被绳之以法，连一点财产都保不住。

严格要求

严格要求可以确保我们平安和幸福，所以必须要选择好的生活方式。"一个人有两种生活：一种是腐烂，另一种则是燃烧。"在生活中我们经常面临抉择，有时甚至是生死抉择。一个人总是矛盾地生活，是继续眼前的所谓平凡的生活，还是追求所谓理想的生活？去追求高标准的房子和票子，去追求虚浮的位子和面子，也许这是一种世俗所谓幸福的生活方式，但是却容易让自己的灵魂沉重异常，甚至会丧失自己的人格。

严格要求自己不要乱交往，有权力的人尤其要警惕小人糖衣炮弹的进攻。古人说："宁受小人仇，不受小人恩。盖小人恩必有为，不如其欲，终必成仇。不如岸然自异，全我名节。"不受小人干扰，是人生的一门学问。要是自己不检点、不注意，丧失应有的警惕心，不会很好地区别君子与小人，被小人所蒙蔽，那么人生中必受小人之累，有时可能苦不堪言。轻易不接受别人的恩惠，应当作为一个做人的原则。否则，接受别人的恩惠，就容易惹麻烦上身，要是接受了小人的恩惠，那么人生的麻烦可就更大了。小人之恩，形同投资，是有目的、有准备的，有投资必有回报。一旦没有回报，就会勃然翻脸，双方有可能结怨。所以，有权力的人要多深刻思考："别人为什么来送礼、送钱？为什么频繁请吃饭？"

　　严格要求自己既要拒绝不正常的"送礼"，又要拒绝不正常的"饭局"。虽然现代交际多以"饭局"作为一种"桥梁"，譬如谈业务、友情相聚、求人办事等，都离不开吃饭这个"媒介"，但是，尽管"民以食为天"，也不能不分情况乱吃一通，有些"饭局"其实是"鸿门宴"，千万不能图一时的口福，而惹上不必要的麻烦。频频被别人邀请去吃喝，实际上是害大于益。这时候必须保持清醒的头脑，对于有些"饭局"要果断地拒绝。不要认为吃喝事小，实际上许多人生的不幸，都是从吃喝开始的。另外，吃吃喝喝还带来口舌的麻烦、身体的负担，有的甚至还带来交通事故的灾难。吃的时候高兴，吃完以后就难受，仔细想一想，何必这样生活呢？

善去烦恼

拥有良好的心态是对付浮躁世界的最好武器，也是对付烦恼生活的灵丹妙药。保持好心态，工作就会干得好，事业就会更成功，生活就会更健康。

改变内心就能改变自己的世界。譬如同样对待旷野的大自然，一个心态好的人，就常有"睡时用明霞做被，醒来以月儿点灯"的美好感觉。从而觉出生活、人生和生命的真谛，更多了一份平和与安详的神态。要是换一个万念俱灰的人，如果置身在荒凉的田野会备感凄凉，甚至会觉得生不如死。

如果你不受外界的影响，保持内心的安静，那么你不会愤怒，更不会烦恼。譬如个别人没有遵守国家法律，在做违法乱纪的事情，而且有人又要拉你下水。可是你有明辨是非的能力，有坚强的自我控制能力，就不会与其同流合污了。所以，改变自己的内心，可以保护自己。有时候，快乐不快乐，只要改变自己的内心；幸福不幸福，只要改变自己的内心；烦恼不烦恼，只要改变自己的内心。

积极的人生态度和良好的心态，能使人生发生深刻的变化。不能延长生命的长度，但可以决定生命的宽度。改变不了生存的环境，但可以改变生活的态度。改变不了过去的出身，但可以改变现在的人生。不能预知莫测的未来，但可以很好地把握今天。暂时没有美好的环境，但可以拥有改造环境的才能。不可能事事顺心、事事如意，但可以事事尽心、事事努力。不能完全控制自然灾难，但可以保持心情的愉悦。不能把握世界上的万物，但起码可以掌握自己。

拥有智慧

在工作和学习方面不妨多一点，在生活和欲望方面不妨少一点，这样容易活得轻松，而且烦恼和麻烦也少。不要总对生活的环境愤愤不平，必须在生活上作些让步，这样才有好的心情。理智的生活方式是十分必要的，不要在意别人的看法。随波逐流的生活方式，往往不是快乐的，而且多是痛苦的。永远不要与别人去比较，依照别人的生活方式来生活。

好心态就在快乐活在当下，没有什么烦恼和痛苦；好心态就在脚踏实地地做好自己的事情。拥有好心态很简单，只要能懂得"珍惜、知足和感恩"！欲望少一点，做人知道肯吃亏，时常充满感激之情，那么自己的心态就好。一个人的心态一好，于是烦恼和痛苦就少，人生也就美好了。譬如面对灾难的打击，心态好的人，一切都会过去，而心态不好的人，所有都是痛苦，并且往往一蹶不振。所以，培养自己的好心态很重要。

平淡的生活更要有好的心态。别厌倦平淡，别害怕寂寞。生活不可能天天都是热热闹闹的，都是轰轰烈烈的，都是充满鲜花和掌声的，其实平凡才是生活的真谛，实在才是生活的面目。人生的技巧，就是在日复一日的生活中，找到潜在的、适合自己的成功机会。在生活的机械单调声中，别人也许会感觉失望、苦闷和无聊，对平淡的生活越来越厌倦，做任何事情都没有热情，过一天算一天；而成功者却能在平凡的生活中，发现隐藏着的希望，能在平淡中找到快乐生活的欢笑，能在寂寞中找到幸福生活的源泉。不要急功近利，努力追求是对的，但是必须拥有一颗平常心。得到了不张扬，失去了不烦恼。一个不会过平淡日子的人，也是最危险的人。

勿用妒忌的心态去看待别人的成功，也不要把眼睛始终盯住别人的成功。如果一味盯着别人的闪光之处，会使自己的心态极度不平衡，那么忌妒之火必将自燃，最后灵魂将会被烤得发烫。倘若我们多思一思别人的艰辛之时，多想一想别人成功路上所洒下的汗水，多学一学别人的拼搏精神，那么心情会慢慢平静下来，心态会慢慢好起来。

拥有人生的智慧，才能拥有好的心态。没有人生的智慧，那么只有愚蠢和错误。人生智慧的形成，往往需要一生的时间和经历。人生路上尤其要学会放弃。不会放弃，那么就会痛苦不断，烦恼不尽。学会放弃，意味着轻装上阵。什么都想要，结果什么都得不到。学会放弃，意味着明白舍得的智慧所在。

保持恬静的心态（一）

以恬静得到智慧，以稳重去除轻浮。人在恬静的状态下，就会冷静地正视自己，明智地发现自己的不足，就会谦逊好学，不做"聪明人"，就能严格要求自己，于是经常能够获得工作和生活的快乐。人在烦躁的状态下，就会昏暗地看待自己，甚至过分地恃才自傲，就会不思上进、胡乱攀比，就会以聪明人自居，常常是和自己或者和别人过不去。

恬静的心态表现之一在于自重。自重才会自强，自强才有自尊。自暴自弃，等于彻底的自我否定。一个人再身处逆境，也应学会自重自爱。自重，决不能破罐子破摔。一个人要能自重，才会赢得他人的尊重。自己尊重自己的人，别人也会尊重自己。自己作践自己的人，别人也会看轻自己。不自重最丑陋的一种行为是贪求，一个人心里贪婪则必然缺少做人的骨气，谁会看重一个贪婪的人呢？廉洁的人，因为心态好，懂得自爱、自重，虽然生活清贫，但能得到别人的尊重。

一个人如能够做到"不贪财，不失信，不自是"，那么自然被他人尊重。因此，自我修养是最重要的，也是一辈子的事。一个人如果贪财，不仅容易丧失人格，甚至有可能失去宝贵的生命。失信不立，一个人既无信用，那么也会无朋友。"满招损，谦受益"，傲狂之人到处不受人欢迎，谦卑之人到处受人欢迎。三者当中，做到"不贪财"较为容易，视钱财如云烟，克制非分欲望就可，但不良欲望需时时消除；要做到"不失信"也容易，不胡乱许诺即可，但遵守诺言，一时好做一世难；最难做到的是"不自是"，人往往会在不经意间"翘尾巴"，特别是居于高位的人，更容易犯这种错误，最后落得可耻的下场。

保持恬静的心态（二）

恬静的心态还在于不以抱怨之心来生活，不以贪婪之心来苛求身外之物。人的物欲真是太无穷，而人生真是太短暂。一个人要是贪占天下所有的东西，灾难就要来了。物欲为己，此生不宁。物欲为后，子孙不旺。古人早已告诫"以德遗后者昌，以财遗后者亡"。一个人要顺其自然地，平淡地看待物质的享受，得之无喜色，失之无悔色。什么都想得到的人，结果可能什么都得不到，甚至连自己已经拥有的也会失去。一个平淡地对待自己生活的人，却可能会得到意外的惊喜。

许多时候，生活的艰难、处境的恶劣，多数是自己心理不平衡的因素在作怪。如果一个人做什么事情之前，都要算计一番，看自己是否吃亏，那么他的工作和生活心态肯定是不好的。心理总不平衡，人生就会痛苦万分，就会烦恼不尽。世界上的公平是相对而言的，要求达到绝对的公平是相当不容易的。所以，做人总要有吃亏的精神。

譬如一个人多干点工作，就要讨价还价，索取过多的报酬，一旦要求达不到，自己的心理就失去平衡，并且采取某种过激的行动，或者出言不逊，那么这种蠢行会使自己前功尽弃。譬如一个人的待遇稍微不如别人一点，马上就勃然变脸，到处吵吵闹闹，那么这种蠢行不仅使自己得不到别人的同情，而且自己会越活越痛苦，越活越没有意思。譬如一个人的欲望要求没有得到满足，也不先检查一下自己的欲望要求是否合情合理，就到处造谣生事，恶意中伤别人，那么这种蠢行只会损伤自己。所以，保持恬静的心态能够使人快乐和幸福。

巧伪不如拙诚

老老实实做人，踏踏实实做事，这是一个人应有的本分。表里一致，言行一致，是衡量人品行的一个重要标准。做人一定要诚实，这也是最好的处世方法。因为诚实是一个人最大的美德，而巧伪则是最大的恶习和坏的品行。一个诚实的人，会到处受人欢迎，被人信任和重用，所以能够获得人生的成功。但是，一个不诚实的人，却会到处遭人厌恶，被人怀疑和冷落，所以只有失败的结果。一个人如果内心不诚实，那么表面再花言巧语，也是令人憎恶的。那些所谓最聪明的人往往都是把别人当作傻瓜一样来对待，而往往把自己当作盖世聪明的英雄那样来高看，变着法子去糊弄工作和别人，可是最后的结局呢？往往是聪明反被聪明误。这样的事例还少吗？！

如果我们能够彻底领会"巧伪不如拙诚"的人生道理，那么许多人就不会犯各种自高自大和自作聪明的愚蠢的错误。法国作家司汤达说："利益浩瀚多变，疯狂的欲望能把最走运的人们，投进充满危险的奇异的想法之中。"从现代社会大量悲惨的案例来看，许多违法乱纪、铤而走险去犯罪的人，多是那些自认为自己是世界上最聪明的人，多是那些不肯"老老实实做人，踏踏实实做事"的人。譬如那些利用自己的高智商去犯罪的人，真是十分的可悲可叹。如果他们把自己的聪明才智都用在自己努力为国家工作以及合法致富的正道上，那么他们早就走上了幸福的道路，过上了富裕生活。

不投机取巧

　　人生的经验告诉我们：投机取巧的人总是自食其果。有的人虽然欺骗一时得逞，没有遭到什么报应，那是惩罚的时机还没有来到。一个人若心存欺骗，就要百般伪装，挖空心思以求别人的信任。而依靠欺骗伪装过日子，只能算作一个"高级乞丐"，全然没有自我的尊严，也没有安稳的生活，有的只是烦恼、不安、惊慌和痛苦。欺骗只能哄蒙一时，到头来却是搬起石头砸自己的脚。所以，老老实实做人，踏踏实实做事，是最智慧的人生策略。

　　如果世界到处都充满爱心，那么我们的心情该有多么愉快，我们的国家和社会该有多么美好！首先自己要有爱心，发自内心地去爱国家，爱大家，爱社会，爱大自然，爱学习，爱工作，爱生活，则自己就能够不断地感觉到世界的美好以及可以随时得到别人回报的那种真诚的爱。对生活热爱，就会感到越活越有滋味，也能够感觉生活是相当美丽的；对事业热爱，就会时刻充满激情，也能够从事业中感觉到无限的快乐；对人生热爱，就会觉得每天活着真好，也能够发现人生有好多美妙的地方；对自然热爱，就会获得休闲的好心境，也能够感受大自然的美丽风光；对别人关爱，就会体会到友情的珍贵，也能够获得和谐的人际关系；对国家热爱，就会更加感觉祖国强大的那种发自内心的自傲感。

做人一日而三省，有错必改之，有问题及早改正，有不良欲望及时预防之。言行谨慎，态度谦虚，实实在在做人和做事，这样就可以避免犯大错误，就能够避免麻烦、烦恼和痛苦，而且离有道德、有品位的人更进了一步。做人做事尽管很难尽善尽美，但必须不断努力，并且尽可能完善。如果做人做事都是随随便便的，那么怎么能立足人世呢？！做事力求精益求精，不生马虎之心，有人在和没有人在是一个样子，做小事情和做大事情是一个样子，踏踏实实，不投机取巧，就会离成功更进了一步。完善自己的人格，完善自己的道德，完善自己的言行，完善自己的技能，完善自己的知识，这些是人生道路上最重要的事情。

厚德载物

　　厚德载物，自强不息。有德者人人赞美，无德者人人厌烦。一个人如果没有良好的道德修养，那么是无法获得别人尊敬的，在社会上的生存也是很困难的。别认为道德修养是给自己增加束缚的东西，其实它能够给人生带来无穷的快乐和幸福。

　　假如一个人只知道吃饭和睡觉，而不知道道德修养的重要性，那么其与动物没有两样。一个人越是与道德修养为伴，其人生越会释放出巨大的幸福光彩。一个有道德修养的人，能够躲避人生的许多灾难，以及避免人生的堕落，因为其有能力辨别什么是丑与美，由此可以抵御各种社会不良风气的侵袭，结果过上那种高尚、舒心和踏实的生活。

　　良好的道德修养是自己的护命符，无论是在恶劣的环境，还是在顺利的环境，都可以保佑我们一生平安。譬如在陷入痛苦烦恼的时候，良好的道德修养可以使我们免受厄运的践踏。因为我们能够以乐观、宽容和忍耐之心，去维护自己的尊严，这时候任何邪恶的东西都不能入侵我们的身心。譬如在兴高采烈的时候，良好的道德修养也可以保护我们免受厄运的打击。因为我们能够以冷静、谨慎和理智之心，去小心翼翼地捍卫自己的名誉，这时候任何得意忘形的东西都不能入侵我们的身心。让别人信赖我们的基础，就是我们要有良好的道德修养。一个人可以丢失钱财，但是不可以丢失自己的美德。一个人可以没有华丽的衣服，但是不可以没有良好的道德修养。别人怎样对你，你可以不计较不在乎，但是你怎么对待别人却要十分注意。

道德修养

　　道德修养是一个人集知识、善良、智慧和意志等因素所散发出来的一种美德。"欲修其身者，先正其心；欲正其心者，先诚其意。"一个人要想成为真正的成功者，必须努力使他自己的精神升华以后才能获得成功。道德修养的第一个目的，是为了让自己拥有高尚的情操。第二个目的，是为了让自己增强现代社会的生存能力。没有良好的道德修养，就没有什么美德，那么所谓的幸福生活是不存在的。如果一个人得到美德，那么就能健康、幸福地生活。如果一个人失去美德，那么就只能虚度自己的生命，甚至减少自己的寿命。并且没有美德的才智是很危险的，因为有时候这种才智甚至是残害自己和别人的毒药。

　　道德修养最重要的一个方面是从我做起，塑造一个全新的自我。我们在抱怨别人不道德言行的同时，是否深刻地反省自己，是否存在不道德的言行？我们在埋怨社会风气不好的同时，是否深刻地反省自己，是否存在"加塞儿"、"国骂"、"海侃"、"不尊老爱幼"、"见死不救"等言行？我们在痛惜自然环境恶化的同时，是否深刻地反省自己，是否存在破坏自然环境的行为？我们在奢谈国家前途、时代使命的同时，是否深刻地反省自己，是否只会"君子动口不动手"？我们在惊叹社会变化神速的同时，是否深刻地反省自己，是否及时进行了观念和知识更新？我们在痛骂贪污腐败分子的同时，是否深刻地反省自己，是否能够自省、自律？自己做不到，却非要去咒骂社会，常常没有好的生活心情和好的人生过程。如果人人有责任心，有正义感，那么这个世界早就十分美好了。

道德修养是一个人每天必做的功课。想通过改变自己来改变自己的命运，那么首先要注重自己的道德修养问题。如果你是一个为人大方，不损人利己，不贪占小便宜的人，那么自然会得到别人的敬重；如果你是一个遵守诺言，不失去个人信用的人，那么自然会得到别人的敬重；如果你是一个不骄傲自大，不目中无人的人，那么自然会得到别人的敬重；如果你是一个经常恩泽和关照他人的人，那么自然会得到别人的敬重；如果你是一个言行谨慎，不伤人和害人的人，那么自然会得到别人的敬重；如果你是一个处处以人为师，不以自我为中心的人，那么自然会得到别人的敬重；如果你是一个不阳奉阴违的人，那么自然会得到别人的敬重；如果你是一个不见利忘义、不以权谋私的人，那么自然会得到别人的敬重。

自律是福（一）

　　自律是相对于法律、纪律等他律而言的，是一个人行为的自我约束，具有自觉、内敛的特征，也是一个人崇高的思想境界和良好的道德修养的综合体现。譬如面对不正当的利益，因为个人道德情操等原因，自律有3种类型：一是"不敢取"，譬如"畏法律、保禄位而不敢取"，是迫不得已的自律；二是"不苟取"，譬如"尚名节而不苟取"，是洁身自好的自律；三是"不妄取"，譬如"见理明而不妄取"，是深明大义的自律。如果一个人的自律只停留在"不敢取"的水平上，那是非常危险的。

　　廉洁自律，遵守党纪国法，不但是其个人的幸福，也是人民和国家之福。"凡在仕途，以廉勤为本。""当官而行，不求利己。"一心为公，执政为民。严格要求自己，堂堂正正做人，踏踏实实干事，清清白白为官。不能去的地方不要去，不该要的财物不能要，不以权力谋求个人的私利。经常要问自己："我是谁？""为了谁？"这样才能保持清醒的头脑，才能不骄傲、不烦躁，心平气和地工作和生活。

科学发展，以德治国，科学德治的效用其实质在个人的自律。因为个人道德上的自律，对于社会秩序、社会稳定、社会风气、社会文明和社会进步的作用是非常巨大的，尤其能够起到防止"乱折腾"，达到"不折腾"的战略目的。

能够自律的人，时时被人尊重，处处受到人们的欢迎。不能自律的人，不断失去自己的尊严，而且经常受到别人的鄙视。其实，自律是人生成功的法宝，而不是人生道路上的枷锁。

自律是福（二）

　　自律的具体表现是自爱、自省和自控。自爱是自律的最重要的表现，能够使一个人高尚和优秀起来。自省，是严于律己的表现，能够使一个人不去犯错误和不断取得进步。自控，是自律的关键，能够使一个人避免风险和麻烦。"自律，不是约束，而是解放。"越有自律的人，越有自由。自律性强的人不但能够获得人生的成功，而且能够赢得良好的声誉。律己如秋风，待人如春风。人格的魅力在于严于律己。一般来说，成功的人总是宽容别人，严格要求自己；失败的人总是严格要求别人，慈悲宽容自己。放任自己，苛求别人，不仅容易招致别人怨恨，而且自己更容易走上人生的绝路。譬如为什么面对同样的金钱诱惑，有些人能够婉言谢绝，而有些人则贪婪地伸手笑纳？这就是一个人的德行差异，而德行差异的核心就是个人自律问题。

　　俗话说："为人不做亏心事，不怕半夜鬼叫门。"无欲则刚，心中坦荡荡的，就能够安然入睡。没有个人的自律，而陷入牢笼和死亡的深渊，那时懊悔已经晚了。托马斯说："抵制情感的冲动，而不是屈服于它，人才有可能得到心灵上的安宁。"卡耐基名言："人们无法驱逐屋里的黑暗，然而，只要让光亮进来，黑暗便自然消失了。"海涅说："照耀人的唯一的灯是理性，引导生命出迷途的唯一手杖是良心。"

我们每一个人都应该变他律为自律，不断提高自己的思想政治素质。没有自律的约束，人生道路上可能到处都是挫折、烦恼、艰难和失败。

第二部分

贪欲是火

假如一个人贪婪无度，那么必定要出问题。有些人特别崇拜物质生活，不注重精神生活。整天贪图享受，哪有不烦恼、不痛苦的？哪有心灵的日夜安静？而且其人生一定会有大麻烦。贪欲是导致亡身的主要祸根之一，好多人多关心身体疾病和自然的死亡，却往往对贪欲引起的危险不注意和警惕，或者忽略不计，这是十分悲哀的事情。奢华的生活固然美好，但是却不一定是我们所需要的，而且也不一定适合我们。不追求奢华，不用生活的高标准去要求，我们的心才能快乐。

一个人有了贪欲，表面上得到了许多物质的东西，但是实际上却失去了好多东西，譬如健康、宁静、快乐、幸福，甚至自由和生命。只满足物质，心灵是贫困的。只有心灵获得满足才是富裕的，才有幸福的感觉。人生有生必有死，这般贪婪有何用？人的短暂一生应该去追求什么？这是一个人生智慧的大问题，也是非常严肃的人生课题。一个人千万不要被物质、权力和名望等东西的欲望所迷惑。俄国大文豪托尔斯泰曾经写过一篇讽刺小说，非常有教育意义。小说描写这样一个贪婪无度的故事："有一个人想得到一块土地，地主对他说，'清早日出时，你从这里往前跑，跑一段就插一个旗杆作为轨迹，只要你在太阳落山前赶回来，插上旗杆的地都归你。'那人听了之后，就兴奋得不要命地跑啊跑，一直到了太阳偏西的时候还不停止。终于到了太阳落山的时候，虽然他回来了，但是此刻已经精疲力竭，一进门就倒地而死。有好心人挖了一个坑，将他埋了起来。一个牧师在给这个贪心人做祈祷时，看着前面这座小小的坟包，十分感慨又叹息地说：'一个人要多少土地才够呢?! 就他躺的地方这么大。'"人之不幸，多因贪欲，没有人生的智慧，哪里有幸福？

不贪是福

　　贪欲放下是幸福，背上是人生的麻烦和祸害。有人认为"酒、色、财、气"都是贪，这些贪欲倘若不加以清除，足够让一个人的性命早早完蛋。幸福和不幸有时候就在一念之际。因为看不清人生的真相，放不下对于财富、名声、权力等的追求，于是就感觉人生很烦恼，很痛苦，更会产生对社会和环境的不满。如果一个人能够放下心中的一切贪欲，那么就能够从烦恼中解放，从不幸中走出来。人生糊涂，不明白人生的短暂以及自己活着的真正意义和价值，都是生命的悲哀和痛苦。一旦让贪欲主持一个人的心灵，而忘乎所以地生活，就有生命的忧虑。

　　要知道贪婪的欲望不能使人富贵，相反容易使人痛苦和不幸。别让钱魔和权魔无情地吞没自己，对钱魔和权魔要有充分的认识。不要以为有钱就可以不知天高地厚，不要以为有权就可以胡作非为。对经商者来说，假如没有良好的品德，不仅难以挣到合法的钱财，而且即使暂时拥有了亿万家产，也很快会倾家荡产。因为一个人若一门心思走歪门邪道，即使挣到了很多不义之财，也会很快地失去，而且往往容易引来杀身之祸。俗话说："富不过三代。"这种人要保有富贵可能连自己这一代也够呛！对为官者来说，假如没有良好的品德，不仅难以为人民服务，而且容易鱼肉百姓，以权谋私，最后自己把自己送上断头台。

不能轻易接受别人的东西，因为轻易接受别人的东西，会麻烦不断，烦恼不尽。一个从未与自己来往，又没有什么交情的人，突然之间登门拜访，又送上一份厚礼，必定隐藏着一定的目的。俗话说"无事不登三宝殿"，对此必须引起高度的警惕，防患于未然。受了别人的礼物，就会手软，吃了别人的东西，就会嘴软。要是违反原则办事，就会受到良心的煎熬。要是不办事，别人转脸就会恶骂。所以必须洞察一切事物，当然明智的办法是委婉谢绝。

无忧无虑才能安睡，身安必须先心安。一个人要是满腹贪婪的心事，就会吃不下饭，睡不踏实觉，这样要不了多久，就会憔悴万分，痛不欲生，于是健康状况每况愈下。现代社会有许多人患有严重的失眠症，其主要原因就是心不安，贪婪和忧虑过度。有智慧人劝告，要想有好的睡眠，必须做到以下几条：一要不做亏心事；二要不干违法事；三要不收不义钱财；四要不损害他人利益；五要不说过头话；六要不乱许诺；七要不散布谎言；八要不盲目攀比；九要淡泊名利，心平气和生活。

人生"六不"（一）

不取巧、不沽名、不贪财、不骄傲、不生气和不烦恼，此为做人最重要的"六不要"原则。

投机取巧，损人利己，乃为千夫所指，万夫所骂。不要快而错，也不要巧而败。世界总是这般的滑稽：开始总是聪明人笑话愚蠢人，可到后来，愚蠢人又反过来笑话聪明人。

沽名而来的东西会如秋叶一般飘落，最后搞得自己一文不值，并且臭名远扬。而且致力于追求名誉的人，往往立刻会得来许多没有必要的诽谤。因此一个人的心态必须要保持平和，不要处处争强好胜，也没有必要这样做，并且人生有点小的挫折是件好事情，可以促使自己头脑清醒。美名是道德修养的结果，不是欲望的兄弟。一个人越是挖空心思地想得到别人的尊重，可能越得不到别人的尊重。尊重不尊重，在于别人看你是不是值得尊重的人。如果一个人因为身居高位或者拥有人民给予的权力而洋洋自得，那么其结果是不幸的。

人要是一贪财，就会失去做人的尊严，而且贪财得来的金钱如流水一般，最容易失去。如果一个人的贪欲不清除，那么其难有心安和宁静的幸福时光。一个慷慨大度的人，并不是不知道金钱的重要，而是知道贪占便宜的可耻，所以才会经常提醒自己。谁能够控制自己的不良欲望，谁就是成功者，就能够得到幸福和快乐。谁不能控制自己的不良欲望，就只能得到痛苦和不幸。因为贪婪无度，有欲难刚，没有原则，没有法律，没有道德，没有底线，就会作恶坏事，于是痛苦和不幸就会不断缠绕。

人生"六不"（二）

随便轻视他人，随意评价他人，是人生大败局的根源。谦虚总是讨人喜欢的，自傲往往惹人讨厌。在任何时候都要特别谦虚谨慎，话绝对不能说过头，事绝对不能做过分。一个人光凭匹夫之勇，不计后果，出口骄狂伤人，行事鲁莽冲动，那么肯定处处碰壁。自古满招损，经常居安思危，就会在谨慎言行方面多加注意。总是自以为是，自我感觉良好，不给别人和自己留余地，那么就要栽跟头和犯大的错误。千万不要咄咄逼人。有人说："权力不可使绝，金钱不可用绝，言语不可说绝，事情不可做绝，一定要留有余地，这样才能最大限度地保护自己。"即便你是一个名气很大、威望很高的人，也不能随心所欲地放纵自己的言行。如果一个人总以"表面的东西"来处世，那么要吃大亏。特别是那些自认为是"名人"的人，更要每天自我提醒："自己的言行代表自己的为人，自己是什么人并不重要，但自己的言行却很重要。"

一个普通的人要做到不生气是十分困难的，但是自我修养好的人会随时化解这股闲气，以免自己受这股闲气的伤害，而有特殊修养的人则能做到根本不生这种闲气。

为了获得幸福的人生，一个人的道德修养是绝对不可少的。世界上什么最可怕？是一个人心中的魔鬼。世界上什么最美好？是一个人的道德修养。自律、自强，做人之上品。没有约束的人生，是苦难的人生。没有自强的生命，是脆弱的生命。一个人为什么会受到他人的尊敬，是因为这个人既有道德修养，又有自己的力量和水平。一个人为什么会受到他人的厌烦，是因为这个人既没有道德修养，或者说根本没有什么人品，又没有自己的能力和水平。

慎用权力

　　一个人从开始走上有权力的岗位的那一刻起，就要真正明白人民给予的权力的责任、义务和其真正意义，同时要完全具备风险意识以及防范个人道德风险的能力。拥有权力，有时候是一种人生的幸福，有时候也是一种人生的灾难。有时候是一种人生的快乐，有时候也是一种人生的痛苦。有时候是一种人生的成功，有时候也是一种人生的失败。全在于其有什么样的道德修养，保持什么样的人生态度，以及掌握什么样的人生哲学和智慧！《菜根谭》中说："贺者在门，吊者在途。"意思是人们给一个新官员上门庆贺的活动还没有结束，但是给他送葬的队伍却已经悄悄地出发了。

　　福祸相依，人生常记。拥有权力的人千万不能只考虑权力所带来的好处，而忽视了一旦因为不谨慎小心，不坚持原则，不遵守国家法律等行为，权力就会带来人生灾难的另外一面。必须辩证地看问题：一个人拥有权力，既是好事情，又是坏事情。好事情是有所谓"体面"的生活，坏事情是一不小心，就容易丢失自由或者生命。要明白："权力是人民给的，并不是自己的真正本领。"要始终头脑清醒，明白"离权力近的人，很容易被它所俘虏，成为其可怜和可悲的奴隶"。千万别糊涂做事情，甚至弄权玩权。拥有权力的人，离金钱和物质都很近，结果被它们百般诱惑，很容易被收买。于是就容易失去人生最宝贵的东西，那就是自由和生命。

特别是有权力的人，容易被那些包围他的小人所捧死。当然，有的愚蠢者连自己怎么死的都不知道，还认为自己有个人魅力，有能力有水平，所以这些人才来交往。必须明白："谁在这个权力岗位，都一样有小人去吹捧、去巴结。"所以要高度警惕权力的危害性，建立必要的防范体系。

依原则办事

　　尽管要依自己的方式做事，但是必须依照原则办事，既要自己对自己负责，更要对人民负责。认清自己的缺点，不要把自己的贡献放在嘴巴上，要多赞扬别人的成就和人民的厚爱，谦虚地向别人学习，兢兢业业地为人民做事情。如果你希望别人能对你有更高的肯定，更好的赞美，那么你就应该秉公办事。世间最大的奖赏归于能永远信守原则的人。利用自己的权力，来践踏原则，甚至法律，会变成人民的罪人。

　　你是否经常环顾周围的人，认为他们也不一定遵守原则，为什么我就要遵守原则呢?! 有些人不遵守原则，那是他们的事情，迟早会有麻烦的。而你遵守原则，则是你自己的事情。原则是不能违反的，这是一个人做人的底线，绝对不能忽略了。即使你的权力很大，也不能违反原则。不能拿原则作为交易，那是非常愚蠢的行为。

　　有原则的人知道怎样拒绝那些不符合原则的事情。许多人感叹:"人生最大的教训之一，就是不懂得如何拒绝!

因为以后的不幸就是这样开始的。"所以，如何处理好原则和人情世故的矛盾，也是一种智慧和学问。一个人总是社会中的人，除了自己要生活，自己的家人也要生活，避免不了与形形色色的人打交道。因此"莫管他人闲事还不够，还得防止别人来管你的闲事"。不能滥用所谓的友谊，既不要向别人要求他们不想给的东西，也要拒绝有些人要求你不想给的，或者根本不能给的东西。因为我们必须坚持原则。不会拒绝皆是害，和别人交往尤其如此。只要你能够做到适时、节制、礼貌和讲道理，即使你拒绝了，也能得到他人的青睐和尊重。

无原则取悦众人，害人害己。没有原则做人，就会没有原则去做事，结果是坑害大家。虽然人们理所当然地会喜欢那种什么事情都能够办的人，但是，实际上后面隐藏着许多危险。没有原则取悦众人，不管这种情况是多么"高尚"，多么热情，其实，其行为都是荒谬可笑的。也许有些人害怕一旦别人来相求，如果一味拒绝，而不能取悦他们，那么就会被嘲笑窝囊无能，可能陷入孤芳自赏，没有人理睬的境地。许多人取悦众人，是为了显示自己有本领，有面子，那么这种要强的行为就更为可怕了。如果你害怕不给别人办事，就会失去那个朋友，而不得不去取悦他，那么这种朋友是不值得交往的。

与有原则的人相处

　　宁与高尚的、有原则的人相争，也不要与卑劣的、没有原则的人相处。没有原则的人，没有做人的责任感，经常麻烦不断。不能随便与无原则的人交往，否则将来必定受其无辜的伤害。有原则的人，尽管灵活不够，但是麻烦和烦恼少。应该喜爱有原则的人，并且博得他们的信任，和他们友好相处。即便他们一开始不喜欢你，也要原谅和理解他们，喜爱他们的良好品行。与没有原则的人是不存在真正友谊的，有的是更多的麻烦。尽管他们有时候蜜语甜言，可是他们没有道义感，自然其话不可信。有原则的人，因为他们处事光明磊落，重视荣誉和道德，所以他们不会拿原则作为交易。

　　什么时候都要提醒自己谨慎小心，坚持按原则办事。有智慧有勇气的人，不会向困难和挫折低头，反而会激发其全部的斗志，并且时刻提高警惕，小心翼翼地预备各种不测情况。而一个人暂时处于被人奉承包围的"欢乐"的时候，倘若没有忧患意识，不坚持原则，不能正确审视自己的生存环境，认为自己享受权力等带来的欢乐是应该的，认为自己是最有资格拥有这种欢乐的，而且欢乐是永久的，那么，其生命力就会特别的脆弱。很多人能够顺利地渡过人生的难关，却很难渡过人生的欢乐关，这充分证明了"乐极生悲"的道理。对于有权力人来说，更应该深刻地反思。

　　用智慧之果来清除人生的"暗礁"。不按照原则办事主要根源是"自满、自大和轻信这三大'暗礁'"。一个人因为自满就会停止不前，就会拒绝智慧的造访；一个人因为自大就会狂妄骄傲，目空一切，自我感觉良好，那么愚蠢就会缠绕不尽；一个人因为轻信就会受骗上当，那么吃亏则是家常便饭。要清除它们就必须用智慧"三果"。德谟克利特说："智慧有三果：一是思虑周到，二是言语得当，三是行为公正。"一个人事前考虑周全，就无事后懊悔；一个人说话谨慎小心，就不会烦恼缠身；一个人行为得体，就无不慎恶果。智慧的目的在于区别善与恶。西塞罗总结得好："聪明人凭理性行事，顿悟力较少的人凭经验，最愚昧的人凭需要，走兽则凭天然。"智者能及时区分善恶，按原则去办事，而愚者则常常不知好歹，于是灾难不断。

知福惜福

每个人都必须善待自己的人生幸福，每天都要算一算自己的"人生幸福"这笔账，因为"人生幸福"是一种宝贵的无形资产，一个人修养的水平高低，决定了他是否看重这笔无形资产。一个人虽然粗茶淡饭，平平常常，但是没病没灾、夫妻和睦、子孙绕膝。难道这不是人生幸福吗？一个人虽然拥有很多钱财，但是自身素质很差，那也没有人生幸福可言。

古人说："安贫乐道。"有时候钱多了，真不是一件好事，可能还是祸根。要是一个人不树立正确的金钱观，光用钱来追求自己所谓的"幸福"，譬如豪赌、吸毒和"包二奶"等，最后金钱就会把一个人给坑害了。这时的金钱就是罪恶的，根本带不来人生的幸福。

正确看待自己的拥有。以一颗平常心看待人生的得与失，就能享受充实而幸福的人生。任何东西均是祸福相依的。清闲有清闲的寂寞，也有清闲的快乐；繁忙有繁忙的热闹，也有繁忙的烦恼。拥有权力的人有他们的显赫，也有他们的痛苦、烦恼和不幸；普通老百姓有他们的无奈，也有他们的平和、幸福和快乐。富翁们有富翁们的潇洒，也有富翁们的灾难；穷人们有穷人们的艰难，也有穷人们的坦然。

"祸兮福所倚，福兮祸所伏。"否极泰来，事物在一定条件下会相互转换。因此，得到的别太骄傲，要珍惜自己拥有的东西，否则的话又会很快地失去；没有的别太失望，要对未来充满信心，并且要不懈地努力，好运很快就会来到。

如果一个人能够在生活中达到"得贵且贵"和"得贱且贱"的人生境界，那么就完全可以生活得自得其乐。假如整天过分追求舒适的生活，专门寻求山珍海味，不会忍受半点的辛苦，不能接受一点委屈，不肯付出一定的辛勤劳动，那么自己肉体的萎缩和精神的衰老，比任何时候都会来得快。要是做父母的也是这般娇惯孩子，那么这种做法，表面上是疼爱孩子，实际上是毒害孩子。

一个人要是置身富贵生活却能够做到不奢华，又不狂妄；要是置身清贫生活，也能够做到不沮丧，又不放弃，这是一种人生大智慧。

真正的幸福

　　真正的幸福就是现在拥有的生活。人生的痛苦多是自己找的，而人生的幸福多是无法从别人身上得到的。寻找真正的幸福，既不用去遥远的地方取经，也不用卑微地去乞求别人的恩赐，真正的幸福就蕴藏在自己的身上，幸福的源泉就来自于一颗健康的心灵。那种以乞求、投机、强求和窃取等方式得到的幸福均是短暂的，甚至是徒劳无益的，并且有许多往往是得不偿失。一个人的幸福既不能依靠天地，也不能依靠别人的恩赐，因为世上从来就没有救世主，只能依靠自己。珍惜自己所拥有的，努力争取自己所没有的，那么幸福能不降临吗？

　　要掌握让自己每天都幸福的秘诀。《塔木德》里关于智慧、快乐和幸福人生的论述说得非常精彩："谁最智慧？是那以人人为师的人。谁最富有？是对自己所拥有感到满足的人。谁最强大？是那善于克制自己的人。"这三句话也应当作为现代人的座右铭，我们要牢记，并时时检查自己做到了没有。虚心地拜别人为师，从他人的智慧中汲取养分，这样何乐而不为呢？！应当十分珍惜自己现在所拥有的东西，虽然比上不足，但是比下还是有余的。知足就能常乐，这样自己就能经常体会到幸福，并且有那种美妙的感觉。善于克制自己的欲望，会使自己免受痛苦的煎熬，更使自己的心灵宁静。

其实好心情比什么都重要。如果我们能够早早地感悟人生，那么我们就会智慧地生活，就会经常地扪心自问："一生中最重要的东西是什么？"哲人告诉我们："人生最重要的是一个好心情。"也许人生有很多磨难，也许生活会有很多困难，也许生命会有许多危险，但是这一切都不能剥夺我们的好心情。

世上的一切不愉快都不要挂记心头，自己要多笑一笑，多乐一乐，因为金钱、物欲、恩怨和耻辱等东西，早晚有一天会随着时间的流逝飘然而去，留下的只是与自己共生共灭的心情。在寂静的星空下，我们不必为别处的灯红酒绿而烦心，自己可以静静地闻着花草的清香，细细地仰观流星的灿烂。

奉献祖国

常问自己向祖国贡献了什么？龚自珍早就说："落红不是无情物，化作春泥更护花。"英国前首相丘吉尔曾在一次演讲中动情地说："我没有别的东西奉献，唯有辛劳、泪水和血汗。"讲道德、讲奉献乃是人生的真正意义。假如自己一生对社会做了许多有意义的事情，那么其本身就是对生活的享受，对自己生命的肯定。如果自己不讲道德，总是给社会增添麻烦，那么自己就是罪恶之人，也是对自己生命的否定。重要的是每一个人都要这么去做，那么我们的国家就有希望，我们还怕什么困难吗？一个人能够向社会奉献，而不成为社会的负担，说明自己是一个有教养、有能力的人。要是自己必须接受别人的劝告，接受别人的监督，甚至接受别人的严厉管理，或者接受别人的赠予和救济，那么说明自己是一个无德、低能或者无能的人。

永远记住自己是一个正常的人。"人"字最简单，却最难写。生而为人，就要有思维，有理智，就要对得起人的称号。就要踏踏实实，谦虚谨慎。人生几十年，无论怎样的风光、荣耀，都不要忘记自己是人，一个正常人。人如果远离人性，就离兽性不远。人的社会角色是会改变的，任何时候都不能忘乎所以。记住做人的基本道理，可以使我们永远谦虚、善良、勤勉。

不讲奉献，只追求享乐，是很危险的。一个人认为自己感觉良好，就可以放松自我修养，而一味地追求享乐，那是非常错误的，也是很危险的。任何东西都是有代价的，当然生活的享乐更不例外。并且，享乐越多，代价越大。玩物丧志，早有古训。一味享乐，总有后悔的一天。只有那些白痴，才只知道吃喝玩乐，人的一生总要做些有益于国家、有益于社会的事情。

另外，一个人更不能到处摆阔。生活太特殊对身心没有好处。人生论吃不过一碗饭，人生论睡不过一张床，没有必要处处摆阔。淡泊名利有利养心，生活简朴有利养身。为什么非要有高人一等的心理？弄不好会害你不浅。大众心理，平民情结，进退有余，心安理得。

一味追求享乐，是要付出沉重代价的。一味追求享乐是醉生梦死的人生，一味追求享乐是自我空虚的人生，一味追求享乐是本末倒置的人生。

知足常乐

人生苦于不知足，但又苦于太知足。知足是人生的一门学问，而不知足也是人生的一门学问。知足常乐，人人皆知，但是要加以正确区分，什么东西要知足，什么东西不应该知足，心中应当十分明白。在求知和事业上，一个人应该经常不知足；在物质生活享受上，一个人应该时时知足。在生活中要是太知足，一味沉浸在生活的安逸之中，就会限制一个人对事业的追求，就会滋长提前衰老的心理，对于这样的知足要十分清醒，应该不满足于自己现有的成就，还应不断努力。而一个物质贪欲不足经常苦苦苛求的人，就会陷入无边无际的苦海之中，对于这样的不知足要十分警惕，必须时时去掉这种贪欲。

在道德修养方面应该经常不知足，向道德修养好的人比较和学习。而在生活方面就应该经常知足，和那些生活还不如自己的人比较，这样越比越会开心和满足。

在面临个人利益取舍的时候，铭记"吃亏是福"的为人处世原则。相信今天的付出，一定会获得明天的回报。

不要去做贪婪的聪明人。私心太重，不仅害己，还会坑害他人。一心想自己享受，而不管客观的实际情况，那么是人生悲剧的开始。私心少一点，人生就多一分快乐。

清白让人心安，踏实让人快乐。自己没有好的名声，又没有刻苦的努力，却一心企求成功的果实，这只是痴人的一场春梦。

做财富来路不明的富人还不如去做一个堂堂正正的穷人。所以，我们千万别去羡慕那种"昨天是人，今天是鬼"式的人。我们应该崇拜英雄，羡慕依靠劳动和思考致富的人。一个人若财富来路不明，终有千万亿万，也会难免夜半鬼叫门，活得心惊肉跳。有一天其丑行暴露，就会被绳之以法，落得可耻的下场。所以，取财要靠正当手段，合法致富，靠勤劳和思考致富。同样，职权要是依靠歪门邪道取得，难免众人不服气。先做好人，做好事，尔后才会做好官。倘若当官不为民做主，光以职权作为个人的本领，整天琢磨以权谋私，权钱结合，中饱私囊，终有一日被赶下台，并且予以严厉法办。

做人、做事，绝对不要急功近利，目的性太强，功利心太盛，人生会吃大亏。我们看一看大千世界，那些惯于搞短期行为的人，没有几个有好下场。那些不善于踏踏实实做事、老老实实做人的人，没有几个能成功的。为什么会这样？因为一切依靠投机取巧，戴着人生的近视眼镜，去寻找所谓的人生定位，哪里会有长久的安乐和幸福？！如果一个人的生命之舟总维系着功名的追逐，那么其身心就成了名利的奴隶。如果光知道追求名利，那么你别指望获得幸福和快乐。绝大多数人，并不了解他们的幸福是自己造就的。只有少数有卓越成就的人，才了解自己应该追求什么，并且有所计划。

一个人如果利用自己的权力去索取，并且索取过度，那么自己就变成了可怜的"债务人"，一辈子会在担惊受怕中生活。

"只知受惠，不知报恩的人是最低贱的。"塞内加说："报恩之心比什么都高尚。"

"要探索人生的意义，体会生命的价值，就必须去追寻能使自己值得献出生命的某个东西。"

自重自爱（一）

一个人如果想要获得自己的幸福，那么必须自重自爱。因为自重自爱，可以躲避许多人生的灾难。用一生的谨慎来造就自己的好名声，是非常值得的。所以，慎独是非常必要的，也是十分重要的。

罗高说："谁能够比这种人更痛苦呢？他们人虽然在世，却已经亲身参加了埋葬自己名声的丧礼。"一个人失去财富，只是一时的损失，还可以有时间、有机会再挣回来。一个人失去自重，等于失去了自我。没有自我，哪里有自己的一切？不自重的人，不知道自己是谁？不知道自己处于何时？不知道自己处于何地？不知道自己应该干什么？不知道自己为什么这样去做？更不知道自己如何去做？于是，人生的悲剧就来临了。自重的人，不会不知道我是谁，更知道自己应该去做什么。于是，其人生是安全的、幸福的。一个人的幸福，其实就扎根在自己的如何自重上。

有人特别的不自重、不自爱，自己把自己当成"天"，认为老子天下第一，我就是法律，我就是代表人民，代表国家，我就是权力的象征，什么事情都是我说了算，我没有什么事情办不了的，我的感觉是非常的好，于是这种人就会彻底地堕落。也有人把别人当成自己的"天"，认为自己有特别牢靠的靠山，可以狂妄做人，这种人也会彻底地堕落。不会堕落的人，只有那些谦虚好学、自重、自爱的人。因为他们知道自己姓什么，能够做什么，并且不可以去做什么。他们谦虚谨慎，而且不断学习，永远反省自己，时刻给自己敲响警钟。我们不仅要看到自己光明的一方面，而且还要看到自己黑暗的一方面。

不要"宽以待己，严以待人"，而应该"严于律己，宽以待人"。为人处世搞两个标准，是最大的人生误区，也是不自重的表现。要求别人做到的，自己却做不到，这种"宽以待己，严以待人"的做法，最为别人所不齿，也最为别人所不服。一个人自己天天唱"高调"，可是自己的行为却很不检点，既贪婪，又不诚实，这种言行不一的做法，会使自己很难立足于人世。

能够心平气和地独自相处，也是自重、自爱的一种方式。同时，一个人独自相处的时候，必须十分警惕自己小的过错。人生中"因小失大"的例子举不胜举。许多发达国家特别重视个人的信誉，对于类似"逃票"、"借书不还"、"考试作弊"等小事上，他们也都"锱铢必较"，记录在个人信誉档案上，绝对不容宽恕。有人认为："逃票、借书不还、考试作弊事虽小，却是'贪'、'赖'、'骗'的行为，一个在小事上都靠不住的人，怎么可以保证在大事上不贪不赖不骗呢？"所以说，小事不小，每个人都应当从"小"做起。假如一个人有劣迹被有关部门记录在案，就会在生活上寸步难行。切记，一个人倘若没有信誉就等于没有了生存的条件。

自重自爱（二）

　　越是一个人独自相处，越应该检点、慎独。天知，地知，你知，我知，好好把握自己。一个人能不能很好地独处？这不仅是一条灵魂的分水岭，而且也是道德的分水岭。独处是一种检验，可以检测一个人灵魂的深度。有些人不会独处，或者根本就不想独处，他们一独处就烦躁不安，百般无聊，难以忍受孤独的折磨。他们喜欢热闹，喜欢有人来往，吃吃喝喝，称兄道弟，认为这才是光彩的人生。这些人表面看，好像人生非常充实，实际上他们的心灵最空虚。因为，他们所忙碌的就是为了忘记自己，不要面对自己。不会独处的人，往往守不住自己。能够自爱的人，是最喜欢独处的。因为他们需要单独的时间，来冷静地检查自己，思索人生。光贪图热闹的人，是不会有高质量的社会生活的，他们只会利用关系，只有利益交往。会宁静独处是一种修养，更是一种境界。

　　自重才能获得他人的尊重。一个人的命运和名誉就掌握在自己的手里。一个人若能自重，才会赢得他人的尊敬。

一个总是自我作践的人，又总是埋怨别人瞧不起自己，其只会是自作自受。自重才会自强，自强才会有尊严。一个人不自重，则必然缺少做人的骨气。因此，自重的理智是不可缺少的。有人说："过着理智生活的人，就像行人提着灯笼照亮前路，永远不会走到暗处，因为理智之光一直走在他前头。这样的生活也无需畏惧死亡，因为灯笼会照亮前路直到最后一分钟，你可以终其一生安详、平静地跟着走到生命的尽头。"成功者与失败者的最大区别，就是成功者从不失去自重的理智。譬如低调处世，含蓄做事，就是一种理智和智慧。外表含蓄的人，并不是没有本领，没有知识，没有思想，没有主见，而是因为他们知道含蓄的重要性，明白低调为人的智慧，所以，他们成功的机会也多。人自视愈狂高，愈没有自重的理智，当然其地位愈不稳固。人自视愈谦卑，愈有自重的理智，当然其地位愈会稳固。人只有先谦卑，然后才会变得聪明；人若先为聪明，结果总是愚蠢。

谦　　逊

　　法国著名画家罗尼，非常有名望，受到许多人的崇拜。但是，他十分谦逊和低调，从来不以名画家自居。罗尼经常到瑞士写生和度假。有一天他正在日内瓦湖边作画，一群来此旅游的美术系大学生包围了他，对他的画作指指点点，各自毫不客气地依据自己的意愿进行评价。罗尼一点也不生气，而是按照他们的建议，谦逊地修改了作品，并且表示了深深的谢意。第二天，他和这群学生在车站又一次相遇，他们正在为找一个人而头痛。他说："我能帮助你们吗？"一个学生告诉他，他们要拜访的画家叫罗尼，只是不知道他现在何处。罗尼笑着说："我就是。"著名的大发明家爱迪生，虽然拥有"发明王"的美称，但在晚年却因越来越严重的骄傲情绪，使他的声望大打折扣，也为"英雄迟暮，骄则自误"作了绝好的写照。

　　谦虚谨慎是一个人通向成功以及赢得别人尊重的重要法宝。不要把自己看得太高，而把别人看得太低，要永远保持一颗谦逊的心，保持谦虚谨慎的态度。一个人处显贵，而变得骄横与奢侈，这是人生惨败的开始。有些人在自己位低的时候，对周围的人特别热情，特别谦卑，对自己生活的要求也不高，因此其人缘也特别好。而这个人一旦位居高位以后，就马上发生根本性的变化，表现得特别的骄横和奢侈，不仅对周围的人特别的冷淡，而且对自己生活的要求也特别的高，要这要那的。因此，这种人既遭别人痛恨，又遭别人咒骂。这就是"小人得志便猖狂"的一个典型例子。可惜的是，好多人对这种小人在初期没有充分的认识，因为这种小人很善于伪装，能够欺骗善良的人们。许多时候总是物极必反，处显贵而变骄横与奢侈的人，只能猖狂一时，不可能长久。一个人其反对的人越多，其得意的日子越长不了。

越有地位，越要低调谦逊。为什么一个人的社会地位越高，越需要在为人处世方面低调谦逊？因为社会地位高的人容易受到别人的攻击和流言蜚语，而社会地位低的人容易被他人忽视，或者同情。所以说，越是谦逊的人，越拥有非凡的智慧，越会走向人生的大成功。越是盛气凌人的人，越会遭受诋毁，越能陷入孤家寡人的境地。许多人为什么惨遭大败局，就是从不谦逊开始的。我们知道，自爱者必慎。而低调谦逊就是一种自爱。懂得自爱的人，知道如何去爱人民，去爱祖国，怎样去赢得别人的尊敬；懂得自爱的人，知道如何去获取成功，知道自重自强的力量所在。

恭　慎

鲁谷子说："嘴巴可以吃喝，但不可以乱说。"一个人的言行表达了他的道德修养，良好的道德修养可以省去许多麻烦和痛苦。谨慎言行，才能避免乐极生悲。西晋的羊祜在教育儿子的时候说："恭为德首，慎为行基。"许多老人一直忠告年轻人："做人处世时要谨慎自己的言行，这是一个人避免烦恼、灾祸、耻辱和失败的主要良方。"那些不谨慎自己言行的人，往往是自取其辱，自取其败。实际上，谨慎自己的言行，是一点不会错的。做任何事情决不能凭自己的意气用事，说任何话决不能光图痛快。鲁莽、轻率是失败的祸根，口无遮拦是麻烦和烦恼的温床。一个人做事马马虎虎，那么自己肯定会遭到失败的报应。一个人高兴的时候随意许诺，而在自己愤怒的时候又冲口怒骂，那么过后自己肯定懊悔不已。

谦虚是最高的美德，谦卑的人会逐渐变得高贵。谦虚使人信服，骄傲使人反感。成功与智慧总是与谦虚做伴，而无知总是与骄傲为伍。摩尔说："向上级谦恭，是本分；

向平辈谦虚，是和善；向下级谦逊，是高贵；向所有的人谦恭是安全。"如果一个人能够虚心地听取别人的意见，明白"山外有山，天外有天"的道理，那么就不会被别人所贬损。

心灵上和言行上的谨慎和谦恭是一种最好的美德。一般来说，不会谦虚的人往往不能正确看待自己和别人，往往是高看自己，低看别人，于是自己会走入愚蠢的绝境。谦虚使人进步，骄傲使人落后。《书经》中说："满招损，谦受益，时乃天道。"《老子》又说："不自见，故明；不自是，故彰；不自伐，故有功；不自矜，故长。"大凡人生惨败者，多数都是狂妄之辈；而人生成功者，绝大多数都是谦谦君子。为什么会这样？因为谦虚能使一个人广有人缘，从而备受人们的欢迎，并且自己不会四面树敌，于是导致人生之路越走越宽。而骄傲则只会使一个人讨别人的厌恶，更不用说与其合作共事，于是导致人生之路越走越窄。

运随心转

　　心境是种变数，运随心转，人生的幸福调色板就掌握在自己手中。若心如死灰，何来生活的心情。只有拥有积极心态，又去不断努力，人生才有希望。能改变人生颜色的只有自己，而不是别人。虽然在人生道路上会有人帮助你，但是别人只能帮助一时，而不可能永远帮助你。并且客观地分析，有人帮助是自己的幸运，而没有人帮助则是命运的公正。一个人心境不同，人生的颜色也会不同。无论处于何种生活的境地，假如自己乐观开朗，积极上进，诚心祝福，努力学习和工作，那么人生就会变得五彩缤纷、绚丽多彩；假如自己悲观抑郁，消极落后，虚情假意，无所事事，不肯好好去学习和工作，那么人生就会变得漆黑一片，苦不堪言。不要生活在黑暗当中，而要生活在阳光之下。

不躁不烦

不躁不烦，从容生活，乃是人生最高境界。俗话说"心静自然凉"，就是最生动的写照。心烦意乱是自己的事，心平气和也是自己的事。自己的心灵能保持清静，哪怕外部环境再燥热，也会感觉清爽如凉。自己的心灵不能保持清静，哪怕外部环境再清凉，也会感觉烦热无比。许多人在心烦意乱之时，总是把外部原因放在首位，一味地指责别人或外部的环境，而对自己的不足或错误，从来没有冷静地予以反思和总结。自身修养好的人，能够正确感悟人生，就会智慧地对待人生的得失，做到不躁不烦，从而达到人生的最高境界。一个人的工作和生活状态如何，不在于其外部条件有多好，关键在于其心情如何。自己的心灵都不清静，就别企求外界的环境清静。烦躁会令一个人失去理智，从而走上人生的岔路。所以心平气和地工作和生活是十分重要的。

智慧能够解除心灵的烦恼，而且人生路上必须有知识和智慧陪伴，要学会用从容的智慧来保护自己。诚心得智慧，奸心生邪念。侧耳听智慧，专心求学问。多言失智慧，卖弄得愚蠢。专心得学问，三心二意无事成。一心守住自己，便是天下最聪明、最智慧之人。多问多听，洗耳恭听，专心致志。与有智慧的人同行，必有智慧。与愚蠢的人在一起，只会越来越愚蠢。什么东西都想要的人，结果什么都要不成。"人经常迷失自己。在迷失的期间，经常是什么都想要。"但是，什么都想要的人，最后连自己的性命也没有了。药品不一定能治疗心灵的疾病，而智慧却能够解除一个人心灵的烦恼和痛苦。那么一个人的智慧从哪里来呢？自己虚心好学、谨慎行事、多听少说、不断思考和时有感悟，就会拥有人生的智慧。如果自己骄傲自大、马马虎虎、滔滔不绝、鲁莽行事和不肯思考，那么只会得到愚蠢。智慧是很好的一种东西，既让一个人能够快乐地学习和生活，又让一个人得到有思想、有理性的人生果实，并且可以指导人们怎样的美好生活才有积极的意义，而且可以让一个人永远不去犯原则性的错误，能够得到平安和幸福。所以，我们不仅要学习知识，还要想方设法去得到人生的智慧。

有求皆苦

　　苦苦无度追索无疑是夺命之剑，从容淡泊宁静却好似福寿之丸。追索之心，不但让人痛苦不堪，而且容易使人走上岔路。一味地让贪欲之心膨胀，不分任何时间与地点，总希望达到自己的私欲，那么就容易让自己迷失人生的方向。人的欲望是没有尽头的，总以追索之心去祈盼，不对自己的灵魂进行洗涤，只能把自己引入地狱之门。当我们去盲目追索的时候，并且忽略了身体的健康，甚至牺牲了珍贵的自由，我们是否感觉到这样做不值得？不正当的追索之心，不但会达不到目的，而且会让我们已经拥有的，也容易失去。盲目羡慕会让一个人掉价，不当追索会让一个人丧失理智，愚蠢贪欲会让一个人早早完蛋。

　　少一点邪欲，多一些快乐。心无邪欲，烦何来？心有邪欲，其烦自来。有一副对联说得好："有求皆苦，无欲则刚。"充分说明了人生烦恼的来由。至于那些"贤士绚名，贪夫死利"，"事能知足心常惬，人到无欲品自高"，这是何等的精辟！至于"南柯梦醒，人欲无穷"，又是对贪欲的最好讽刺。人生最重要的是不要自寻烦恼，不要想入非非，不切实际，更不要随心所欲，经常抱怨，否则是在自我贬损，会活得不耐烦的。其实，一个人的命运就捏在自己手里。如果摒弃真实的自我，放弃自己的世界观改造，急功近利，喜好投机取巧，那么痛不欲生的日子就开始了。"每块木头都有成材的时候，只要能去掉多余的部分；每个人都可以是完美的，只要肯去掉缺点和瑕疵。"不正当的欲念，既损害一个人的形象，又容易毁灭一个人。

　　人生需要不断的自我激励和自我鼓励，无论是在顺境的时候，还是在逆境的时候，这也是从容人生的一部分。别人的激励和鼓励，仅仅是一时的，自我激励和鼓励却是永久的。在顺境的时候，能够使其始终保持谦虚低调的姿态，得意不至于忘形，于是不会骄傲自败。在逆境的时候，能够使其始终拥有乐观的心态，对未来充满希望，失意不至于失态，于是不会哀伤自败，人生不久会出现新的转机。特别是一个人在工作的时期，不断的自我激励和自我鼓励，能够使其明白认真努力、精业工作的重要性，知道只有不断创造的工作业绩才能改变一个人的地位，才能获得人们的尊敬。能够不断克服工作的困难，战胜各种挫折和失败，在平凡的工作岗位上成就不平凡的事业。

交友必须谨慎

　　交友必须谨慎，不是什么人都可以结交的。"人生贵相知，何必金与钱。""独学而无友，则孤陋而寡闻。"人生得一知己足焉。虽然友情是珍贵的，但为交友而交友，良莠不分，没有原则，则是危险的。"交不信，非吾友也。"莎士比亚说："朋友间必须是患难相济，那才能说得上是真正的友谊。""结交贵乎谨始。"酒肉朋友不可交，有福可以同享、有难不可以同当的人不可交，当面好话说尽、转眼又损别人的人不可交，恶毒之人不可交，谄媚势利小人不可交，不正派的人不可交……要知道战国时代孙膑因为交友不慎，差点被恶友庞涓所害，这种例子太多了。最亲近的是朋友，若朋友反目，最恶毒的也是朋友。

　　俗话说："近君子，远小人。"因为小人千方百计使坏，而君子则帮助自己成功。与人合作共事，当与君子相交，断不可与小人相处。君子对于别人的滴水之恩，将来会以涌泉相报；小人受了别人的恩惠，却永远闭口不会提及。君子严于律己，宽以待人；小人则对自己宽松，而对别人却会抱怨不断。与小人交往麻烦不断，必受其累。一是小人多疑，整天疑神疑鬼，总是以小人之心度君子之腹；二是小人好利，恐怕自己吃亏，总是苛求最大利益；三是小人奸诈，老谋深算，总是想着怎样算计别人；四是小人无信，喜欢吹牛，总是"雷声大雨点小"。

交往中特别要注意不把自己的名声，托付给别人"保管"。名声是金，必须要像爱护自己的身体一样，来爱护自己的名声。好的名声不仅使一个人终生受益，并且还能光泽后人。坏的名声却使一个人终生抬不起头来，活着还不如死去。获得好的名声很不容易，而败坏名声却易如反掌。败坏名声的方式，莫过于把自己的隐私权"委托"别人来保管，这是一种十分愚蠢的做法，也是让自己经常恶心的一种烦恼。遇到善良的君子还能保守自己的秘密，要是碰到卑鄙的小人那就坏了，他会时时以此为要挟，作为一种交换的筹码，来达到他的私利和目的，为此自己会时时提心吊胆，又被弄得狼狈不堪。

距离是美

与别人过分亲热，也会让人厌恶。人与人相处，尤其是领导与被领导的关系，实际上是一门最大的学问。与别人过分疏远，别人会认为自己过于清高；与别人过分亲热，别人会认为自己不怀好意，所以，应当根据不同的人以及不同的场合，选择不同的距离。就是作为一个部门的领导，假如时时以关心下属为名，对下属的工作屡加干扰，也会让下属厌恶，因为下属认为领导根本就不信任自己，也根本不相信自己的能力。要是不讲原则地宠爱下属或者轻易与下属妥协，这种愚蠢的做法，表面好像是领导爱护下属，实际上这种领导最被下属瞧不起。

在一个单位里绝对不能搞亲疏分明的关系。无论是作为一个单位的领导，还是作为一个普通的员工，都不能搞拉帮结派、亲疏分明的关系。作为一个单位的领导，亲近几个人，就会疏远一大批人，尤其是亲近一个小人，更会失去一大批正直的人。作为一个普通的员工，亲近几个人，就会被多数人所孤立。所以说，在一个单位不能随便亲近一个人，或者疏远一个人。特别是一个领导，更应该"一碗水端平"。那种随意把喜欢一个人的欢颜，以及讨厌一个人的怒颜，挂在脸上的人，也是最浅薄的人。不能以个人的恩恩怨怨和感情的好恶来划小圈子，否则的话，自己会变成孤家寡人。

与不孝之人断不可交往。古人说："百善孝为先。"一个人连亲生父母都不孝顺，还能保证对朋友忠诚吗？恐怕是不可能的。绝对不要人见人亲，随便与人套近乎、交朋友，在深入交往之前，一定要多了解对方的品行，否则，自己就是绝对的浅薄。与一个品行不好的人交往，不仅没有任何好处，而且还会给自己带来不必要的麻烦。与其滥交朋友浪费时间和精力，不如自己闭门读几本好书和思考一些问题。一个人狐朋狗友多，不见得自己的人缘就好，更不能说明自己的魅力就大，也许有些人是冲着某些利益而来，对此自己应当有充分的认识，保持清醒的头脑。

表面的赞赏多是浅薄的。一个在社会上越是体面的人，越会得到别人的赞赏。人们要么刻意地恭维对方，要么小心地讨对方欢心。但是，这种赞赏是浅薄的，因为并非发自赞赏者的内心，人们更看重对方的地位、财富和名声等东西，若是自己被这种赞赏所陶醉，认为自己本领很大，应当得到别人的赞赏，这本身说明自己也是浅薄的。许多哲人经常贬低这种浅薄的赞赏，认为："流溪多潺潺作响，而江河多沉默不语。"要是一个人轻易为溪水所感动，难免其人生太无味了。所以，我们在交往中一定要做一个深沉的、坚持原则的人，千万不要只求别人表面的赞赏，只求社会表面的认可。

生命短暂

  一个人被奢侈的生活占用的时间越多，其人生懊悔的东西就越多；一个人越被所谓的美食吸引，其被疾病缠绕的机会就越多；一个人越把心思放在穿衣打扮上，其内心就越空虚。在吃穿上花的时间越多，一个人的寿命就会越"短"。尽管一个人的生命离不开吃饭和穿衣，但是一个人的生命绝不是依靠追求所谓的吃穿来支撑的。把生命完全浪费在享受那些山珍海味上，以及一味讲究穿戴时髦服饰上，这样的生命肯定是哀痛的，而且是短暂的。

  大自然给予我们的生命实在是太短暂了，何必要与奥妙和神奇的生命过不去呢？其实人生无须太多，何必苦苦地苛求呢？不要幻想太多的所谓那种幸福生活，当我们的生命化作一股青烟的时候，那些苦苦苛求而来的东西，又有何用呢？不要痴想太多的所谓金钱堆砌的生活，当我们的生命化作一抔尘土的时候，那些认为烦恼和痛苦的东西，又有何用呢？人生真的无须太多，否则的话，会让自己太沉重、太苦恼。不求梦呓的未来，只需平实的现在。

有时候，认真想一想，其实能够平安、健康地生活，就是一种幸福的生活。

有些东西想多了反倒痛苦，不如实实在在去干事。对于名誉、金钱和地位等东西，一个人必须要看淡些，再看淡些。人生有时很奇怪，要是自己看得淡些，这些东西反而会贴近自己。有的时候，想多了反倒痛苦和烦恼，甚至愤怒和生气，会使自己天天生活在苦海之中。当然，人生在世，只要一个人有欲望，就会追求名誉、金钱和地位等东西，所以说，不想是不现实的，关键是正确对待。一个智慧的人，却是一心一意、实实在在干自己的事。别人在想的过程中，痛苦了，颓废了，彷徨了，耽误了，而自己却在干事业的过程中，快乐了，精神了，坚定了，进步了。如果一个人总是深陷名誉、金钱和地位等的苦海，那么人生就没有任何的快乐，也没有什么意思。心不正，意就乱，所以，良好心态很关键。

取之有道

　　贫富总是相对的。世上一个"穷"字，折煞多少英雄好汉，生活中谈穷色变的大有人在。但是，贫穷与富裕总是相对的，不是绝对的，只要我们每天善待自己，注重身心调适，妥善安排生活，就会消淡对贫穷的感受，觉得生活还是蛮有滋味的。从贫穷到富裕有个循序渐进的过程，企图一日变为百万富翁往往适得其反。心平气和地面对日常生活，就是粗茶淡饭也能甘之如饴。有的人穷得没有任何金钱，可是有的人却穷得只有金钱，有钱也不见得能够获得他人的尊重。身体的"温饱"，不等于精神的"温饱"。外在的奢侈，不能说明一个人的精神富裕，只能说明这个人会虚度一生。贪图安逸是不幸的根源。倘若一个人丧失理智，一味去追求那种贪图安逸的生活，那么其毁灭已至。何必要以幸福和生命作为赌注，去苦苦寻找那种变味的物质享受呢？人生悲剧多来自于那些不切实际的幻想，而其灭亡多产生于对那种糜烂生活的向往。任何不劳而获的念头均是危险的，所有非分之想都只能招致痛苦。必须要泰然面对客观的环境条件，只有辛勤的劳动，不断的思考，并且去努力创造，才会有幸福的降临。

走歪门邪道发不了财。君子爱财，要取之有道。不义之财不可取，勤劳致富是正道。劳动、知识和智慧，才是构成财富的大厦；而懒惰、无知和贪婪，则是导致不幸的深渊。取之有道的钱财，才能使人高枕无忧。那些依靠"坑蒙拐骗，偷税漏税，假冒伪劣和贪污受贿"等手段得来的财富，最终是害了社会又害己，为人们所痛恶。市场经济需要信用和公正，市场经济更要求诚实和公平。歪门邪道只是短期行为，投机者总是搬起石头砸自己的脚。为浊富不若为清贫。财富要是能增加人的快乐和幸福，则是益事。财富不但不能使人尊荣和尊严，反而使人耻辱和痛苦，要这种财富干什么用？

聚敛无度，是祸不是福。贪心得到了不是一个人应该得的金钱，那么这种金钱就是肮脏的东西，就是杀人的钢刀，不仅不会带来幸福和快乐，而且还会玷污自己的名誉，甚至会伤害自家的性命。伤害身体的健康，丧失精神上的尊严，失去宝贵的人身自由，来换取所谓虚假的财富，真是世界上最愚蠢之人！如果一个人缺乏理智和智慧，聚敛无度，那么终有金山银山，何有快乐之时？何有幸福之光？我们即使再贫困，也一定不能要那种肮脏的东西。钱财这东西，要是能给人带来尊严，带来快乐，则是幸事。要是不但带不来欢乐，反而带来羞耻，那要这种肮脏的东西，又有何用，又有什么意义？！不是自己的金钱，就不要去拿，最好连想都不要去想。这时候金钱就是魔鬼，就容易烫手。不要认为拿的时候是笑眯眯的，其实恶魔已经跟在后面了。

第三部分

享受生活

　　人生的美好是因为享受生活，而不是享受权力、金钱等东西。享受生活能够使你感觉每一天都是赏心悦目的，生命永远是灿烂的、幸福的和快乐的。享受权力、金钱等东西会使你感觉每一天都是痛苦不堪的，生命永远是烦躁的、无聊的，甚至是灰暗的。权力是不能享受的，并且也很难享受起来，否则就要付出沉重的代价。倘若是荒唐、无知的人生，往往会去琢磨如何享受权力，而后怎么利用手中的权力再去享受金钱，其结果总是什么都享受不了。人生追求的目标有许多，生活的主体不是单纯追求所谓的权力和金钱。为了追求权力并且去贪婪地享受，实际上就是一条快速死亡的不归路。我们要去发现生活中的各种幸福，而不是自己给自己挖掘坟墓。人生有许多目标，有许多活法。要明白人生的使命，让生命发出光芒。

　　世间最珍贵的是把握现在生活的幸福。世间最珍贵的东西，既不是得不到的东西，也不是已经失去的东西，而是现在能够把握的生活中那些幸福。譬如一个人现在的自由、健康、天伦之乐等东西，都是实实在在的幸福，至于那些遥远的名誉、地位和金钱，那是求不得的，多想了反而痛苦不堪。一个人永远得不到的东西，固然十分可惜和遗憾，但是那不是你的东西，就不要去叹息和懊悔。一个人已经失去的东西，因为已经失去了，并且是不可能再获得的，那么就不要惋惜和懊丧。只有今天的东西，并且是自己能够现在把握的生活，才是真正的幸福。一个不会把握现在生活幸福的人，那是非常烦恼和可悲的人，而且其人生也是十分凄楚的。如果一个人能够把握现在的幸福，那么你就有幸福，你就有快乐和欢笑。如果一个人不能把握现在的幸福，那么你只有不幸，你仅有痛苦和哭泣。

感受幸福

不要认为幸福的生活离我们很遥远，其实幸福的生活离我们很近。我们能够感悟人生的真谛，就能真正享受人生的幸福。人在没有灾难生死的考验时，不会体会到自己是多么的幸福，只有在自己失去健康、自由等时，才会领悟到幸福的意义。有一个经商的人这么来解释幸福："幸福就是你在一次艰苦的商务谈判后，皮包里夹着一份签订的合同，在一个阴沉沉的夜晚回到家，家里已有一套柔软的睡衣、一双在熊熊的壁炉旁烘热了的拖鞋和一个满脸笑容的妻子在期待着你。"有时候我们不断地追逐所谓幸福的生活，拼命地想捕捉幸福的感觉，但是幸福却顽皮地躲到别人的怀里，于是我们就会深深地感叹命运的不公。"不求是贵，少病是寿，够用是富，无欲是福，感激是喜。"知道怎样智慧地生活，知道怎样勇敢地面对烦恼，就是最幸福的人生。

有的人去一次火葬场送别朋友或亲人，回来以后就有一番刻骨铭心的人生感受，认为一个人应该感悟人生，应当好好活着。于是，在大约一周或者一个月的时间里，确实能够很好地感悟人生，珍惜自己的平淡日子，客客气气对待他人，但是过后却又故技重演，该争什么，又不顾一切地去争什么，该烦什么，又不顾一切地去烦什么，世上争名夺利的事一件也不少，世上痛苦烦恼一样都不漏。有的人大病一场，在死亡线上徘徊的时候，特别能理解人生的真谛，认为"人生短短几十年，必须好好地生活"，可是病愈不久，又忘记了病榻上的誓言。人总是清醒的时候少，糊涂的时候多。在平淡无奇的日子里，一个人总会稀里糊涂地生活。在生死考验的瞬间，一个人总会清醒地思考。

边生活边自律，就能够享受生活的幸福。一个人如果在生活中乐于自律，那么起码说明他是看重自己的生命，珍惜自己的人生，热爱自己的生活的。不乐于自律，其实是一种灾难，会付出沉重的代价。生活本身是一个万花筒，充满着各种各样的诱惑，只要一不留神，就容易掉进形形色色的陷阱。给自己的生活配上自律的音乐，生活就有了鲜艳的色彩，人生就有了愉快的旋律，生命就有了可靠的保障，就会活得有滋有味，感觉人生是非常的美好。自律不是让生活沉重起来，而是会让生活轻快起来。自律让我们去掉许多复杂的环节，会让生活变得简单和轻松起来。生活的过程，也是自律的过程。不要随心所欲地生活，那是非常危险的。一个人不可能，也不应该随心所欲地生活。控制自己的欲望，你会发现自己很幸福。

小心权力的陷阱

有一个寓意非常生动："黑熊、狐狸和灰狼，组成一个强盗同伙，经常攻击山羊。山羊非常痛苦和不安，于是头羊就想尽各种办法来拯救自己。一开始，头羊采取挑拨离间的策略，但是没有成功。不久，头羊在抑郁中死去，一只年轻的头羊接班了。它采取了另外一种策略，就是提出让黑熊、狐狸或者灰狼来担任羊群的领导。黑熊、狐狸和灰狼听说后，非常兴奋。可是，它们中间谁来担任呢？黑熊认为自己力气最大，应该自己来担任。狐狸认为自己最聪明，应该自己来担任。灰狼认为自己最勇敢，应该自己来担任。于是，大家谁都不服气，结果就动起手来。黑熊乘灰狼不防备，一口就咬住了灰狼的脖子，一直到灰狼死也不松口。狐狸一看这样子，拔腿就跑，并且跑到一个陷阱旁边，假装跑不动了。黑熊追赶上来，不小心掉入陷阱里。"所以说，权力是好事情，它能够使好人多为国家和人民做事情。但是，权力也是坏事情，它能够使坏人身败名裂。因此，不要光看权力表面的光彩，还要看到权力后面的可怕之处。

　　不幸没来时，千万别去自找。智者总是每每自我提醒："自己一定要谨慎言行，不去贪图名利，并能预见生活中的各种不幸兆头，而且千万不要去惊醒不幸之神。"于是小心翼翼地去规避各种不幸，以免进入人生失败的陷阱。而愚者总是无视生活中细微的恶事，有时甚至连巨大的恶事也毫无察觉，一副大大咧咧无所谓的样子，殊不知这时不幸已经悄悄跟随而来。失败与不幸总是相连的，悔恨与痛苦总是结伴的。不幸的人多有不幸的性格，因为一个人的不幸，有许多是自找的，一个人失败的症因，也有许多因素是自我本身就存在的。其实，一个人的言语和行动如何，早已决定了自己的运气好坏。祸福相连，乐极生悲。幸福来临的时候，就要警惕不幸的魔鬼。一个人的贪婪欲望最容易导致不幸恶魔的缠绕，所以，要远离不幸的恶魔，必须时刻清除心中的贪欲。

自知之明

　　有所保留，不会懊悔。有所保留，就是防备风险。权力再大的人，也要谦虚、谨慎地为人处世。为什么一半比全部更多，因为一半是有所保留，而全部没有保留。葛拉西安的《智慧树》告诉我们："在所有的事情之中都要有一点保留。""永远要保存一些应变的能力，适时的救助比使尽全力更为珍贵。后援力比攻击力量更重要。"全力出击有可能招致失败，有所保留有可能成功，这种例子在军事上屡见不鲜，智慧的军事人员总留有预备队，不到万不得已时坚决不动用。许多不自重者、不自畏者、不努力者、不立信者、不谦虚者、不自强者、不节制者、不慎言者、不珍视者、不探索者，就是因为他们不懂得有所保留的道理，所以他们经常取辱、取祸、取败、取憎、取蠢、取贱、取亡、取烦、取悔和取庸。进去的时候，就要想到自己怎样才能出来。留有余地，永远是智慧的选择。留有余地，可以让自己进退有余，预防各种各样的风险。

有权力的人更应该明白"防病于未然"的哲学道理。"三分治病，七分防病"，这是医学专家的忠告。智慧的有权力人把这个道理同样用在日常的工作和生活之中，就能够消除许多烦恼和痛苦，并且清除不必要的麻烦。一个人必须明白"小病不及时治疗，大病会危害一个人的生命"的医学道理。同样，在人生的道路上，一个人更应该明白"小恶不预防，大恶会杀人"的人生道理。对于小恶，许多人可能会不以为然，认为小恶无大害，于是经常放纵自己的言行。时间一长，因为掉以轻心，不知道如何去防范，小恶就慢慢地变成了大恶，结果就触犯了国家的法律，受到了法律的严惩，到那时候，哭都来不及。每天都要十分的警惕，预防自己心中的小恶，不要让其悄悄地长大，以免危害自己的性命。所以，经常的检查和反省是非常必要的。

有权力的人拥有自知之明，可以防各种风险。做人千万不能疯上加傻，否则人生的悲剧就马上来临了。疯狂做人的，总是早早完蛋。愚蠢做人的，总是被痛苦和不幸缠绕。如果一个人很愚蠢再加上疯狂，那么这个人就是在不要性命了，实际上他就是在残杀自己。本身就是一个愚蠢的人，没有什么自知之明，偏偏还要自以为聪明，于是就会不断产生错误，不仅不断遭到别人的讥笑，而且会危及自身的健康，甚至自己的性命。但是，要让愚蠢的人，正确认识到自己，是一件很难的事情。

有自知之明的人，知道自己正确的人生定位，知道应该怎样去做，他们会小心谨慎地为人处世，使用人民给予的权力，绝对不会张狂示人。有自知之明的人能够经常做到"以铜为鉴，可以正衣冠；以史为鉴，可以知兴衰；以人为鉴，可以明得失"。只有那些没有自知之明的人，才会自以为是。

别让生命白过

庄周说:"人生天地之间,若白驹过隙,忽然而已。"生命是非常短暂的,我们必须珍惜。梁实秋说:"没有人不爱惜他的生命,但很少人珍惜他的时间。"台湾作家张晓风说:"在生命高潮的波峰,享受它;在生命低潮的波谷,忍受它。享受生命,使我感到自己的幸运;忍受生命,使我了解自己的韧度。两者皆令我喜悦不尽。"不管生命是喜悦,还是痛苦,我们一样地要去泰然接受。

往往一觉醒来,很多人却不知道自己应该做些什么,茫茫然,这不是一种悲哀吗?!其实,要去做的事情有很多。"要探索人生的意义,体会生命的价值,就必须去追寻能使自己值得献出生命的某个东西。"正因为生命只有一次,所以我们要格外珍惜,别让自己的生命白过。别人说什么不要紧,关键是自己应该去做什么。

明白生命的真正意义。有哲人说:"生命的意义在于活得充实,而不是在于活得长久。"泰国谚语:"生命的价值在于使用生命。"有人则更为深刻:"一个人不应该像走兽那样活着，应该追求知识和美德。"正因为这种人早就懂得生命的价值，所以他们从来就没有浪费过时间，而且没有糟蹋过生命。他们能够有尊严地活着，能够抗击各种不良的欲望，不会用宝贵的生命去换取那些不义之物。正因为这种人活得很充实，很有智慧，因此他们的生命就越有光彩，而且对别人越有帮助，对国家和社会的贡献也越大。于是，他们能够赢得人们的广泛尊敬。有人认为："生命的意义就是满足于自己吃喝玩乐的生活。"也有人认为："生命的意义就是能够随心所欲地实现自己的愿望，能够得到梦寐以求的掌声和鲜花。"这种人的心灵是空虚和脆弱的，是让人们唾弃的。

珍惜生命

　　世界上最宝贵的是生命。世界上什么东西最为宝贵？不是金钱，不是权力，不是名誉，而是自己的生命！如果生命都不存在，那么要这些虚无的东西有何用？只有我们明白生命的真正意义，才会有完全的理由去珍惜自己的生命，才会感到自己不会枉活此生，并且在任何不良欲望前面，能够彻底地守住自己。尤其在挫折和磨难来临的时候，也能够临危不惧，从不放弃自己的生命。于是，在庄严的生命前面，就拥有了要好好生活下去的勇气，自己片刻就得到了生存的智慧。只有珍惜生命的人，才不会虚度自己的一生。正因为自己的生命是最为宝贵的，所以自己要用智慧来保卫自己的生命。在自己短暂的人生里，会有各种各样的诱惑，甚至灾难和挫折，自己千万不要有愚蠢的无能之举，更不要做空心的"稻草人"，以免玷污了庄严的生命。

　　必须敬畏生命。只有珍惜生命，才不会虚度一生。生命是神奇的，是神圣的，可又是非常短暂的。生命不会因为你是一个英雄豪杰，而对你特别的宽容；生命也不会因为你是一个平民百姓，而对你特别的苛刻。生命对于每个人来说，都是一视同仁的，那就是每个人都只有一次生命的权利。但是有一点例外，那就是只有感悟人生的，并且能够特别珍惜生命和善待生命的人，才能延长自己的生命，并且能使自己的生命散发出夺目的光彩。特别是当一个人亲身经历过死亡的考验，更能体会到生命的可贵，生命的不容易。一个无知地糟蹋自己生命的人，是不会懂得敬畏生命的真正含义，更不会懂得人生的真谛，也谈不上去珍惜生命。浪费时间，是对生命的一种不负责任。那么，贪婪做人更是对生命的一种不负责任。人生苦短，正因为短暂，我们更要活好，活得光彩。

经常检视自己的生命。苏格拉底说："一个没有检视的生命是不值得活的。"有人总结："那些倒霉失败者，栽了跟头者，雪上加霜者，没有一个不收缩的。不过有的人，能够处变不惊，跌倒重来，吸取教训，重新振作，这种收缩，是一种正常的收缩。有的人，一败涂地，一蹶不振，从此怨天尤人，唉声叹气，如蚕作茧，止步不前，好像打败的鹌鹑、斗败的公鸡那样，人前抬不起头，人后耷拉脑袋，整个人都垮了似的，这种收缩，就是不正常的收缩了。"所以说，懂得正常的检视是很重要的。人生得意的时候不要骄傲忘形，不要不懂得检视和低调；而在失败痛苦的时候更须乐观努力。

使自己获得好命运。依靠美德、小心谨慎和信念，可以使一个人幸福地长久。而恶习、骄傲随便和没有信念，可以使一个人痛苦地夭折。"好运自有其规律，对于聪明人来说，并非事事都要靠机遇。运气要借助于努力才能生效。有的人满怀信心地走进命运之门，坐等好运来临。有的人则更灵活一些，他们审慎大胆、阔步迈进命运之门。他们凭着美德和勇气的翅膀，胆识过人地与运气周旋，终能抓住机遇，结果总是如愿以偿。"其实，人的一生，所谓的好运和厄运，都是相对而言的。

未雨绸缪

　　一个人在自己最强大的时候，把自己当作神明一般来看待，那么以后有一天这个人或许会成为可怕的魔鬼。没有危机感的人，危机会永远跟随着他。未雨绸缪总是没错的，幸运的时候要想到不幸的时候。

　　一个人运气好时，要为时运不济时做准备。我们经常从动物身上可以学到不少生存的智慧，譬如动物在夏天或者秋天的时候就储备过冬的物资，这是十分明智的举动，而且这时候动物做准备工作，也更容易一些。人生的道理也是一样，譬如一个人在鸿运相伴时，经常会获得他人的微笑和恭维，甚至各种礼物，好像遍地都是这个人的朋友。但是，当这个人身陷逆境时，那么一切都会变得不幸，没有人会对其微笑，更不用说送礼了，这时候遍地朋友都不见了，好像到处都是陌生人。因此，一个人在得意的时候，就要做好各种准备，特别是不要得意忘形，瞧不起别人，也许有一天会发现，现在看上去不重要的人其实对你帮助最大。

做人没有原则，风险就大。现代社会，先有法理，后有情义。滥用情义，一切以情义说话，最后是十分不幸的。凡事依法办理，凡事入情入理，凡事周密谨慎，这是聪明人的智慧之举。虽然做事应原则与灵活相结合，但是没有原则就没有做人的根本，不会因为情义而丧失做人的原则。人生的根本没有了，可以说幸福的根基也没有了。凡事讲江湖义气危害大，义气不是原则。做人没有原则，一味以江湖义气行事，到头来害己又害人。凡事以个人好恶作为衡量的准则，以"义"字作为行动的指南，最终必然招祸。一个人的灾难多是自作自受的，如果思考周到，智慧理智，合法办事，就没有这些麻烦了。风险是相对的，不是绝对的。一个人做人没有原则，风险就大。一个人做人有原则，风险就小。所以，原则是每一个人都必须要遵守的。

结局要好

开始好，不一定结局好。开始时的风光热闹，并不能说明结局的美好。俗话说："良好的开端，是成功的一半。"但是，这话只讲对了一半。要是一个人只相信开始时的风光热闹，而不继续去踏实努力工作，不去谦虚谨慎地为人处世，一样不会有好的结果。假如一个人从"快乐之门"进来，却被暂时的喜悦所陶醉，而放松自己的警惕和努力，就会很快地从"悲哀之门"出去。与其说人们只关注事情的开局，不如说人们更关注事情的结局。开局的红火只是一种假象，结局的红火才是一种真相。聪明的人宁愿在开局时被人们冷落，也不愿意在结局时被人们取笑。事情的开头固然重要，可是收场更为重要。开头好，不算好，只有收场好，才算真正好。所以，我们不能为开头好而陶醉，而要谦虚低调，时刻预防潜在的风险。

人生的路上布满诱惑，当你被一个个诱惑击倒时，危险也就随之降临了。所以一定要走好人生的每一步，拒绝任何诱惑，才是完美的人生。有一个故事生动说明一旦不谨慎，就容易进入权力的陷阱。"地上有一块香喷喷的肉，吸引了正在觅食的饥饿的狐狸。开始，狐狸警觉地观察了四周，在确认平安无事后，就把肉吃了。可是，聪明的狐狸忘记了关键的一点，那是猎人歼灭它的计谋，于是其不幸就开始了。狐狸继续向前走，又发现了一块大一点的肉。狐狸认为第一块肉没有什么事情，那么第二块肉也应该没有什么事情，于是又吃了。然后它发现，在前面的路上，还有很多肉。失去警觉的狐狸贪婪地吃着肉，忘记了即将面临的风险，最后掉入猎人设下的陷阱。"狐狸本来是十分警觉的，但是因为诱惑的东西太多，结果就失去了应有的警惕，而把自己的性命断送了。

越是热闹的时候，越要冷静。一个人在喧闹中能够保持一颗清凉心，拥有平和的心态，学会智慧地生活和工作，那么就能够预防许多人生的风险。譬如一个人越是在热闹的时候，越要冷静思考，控制自己冲动的欲望。譬如一个人越是在喧闹的时候，越要宁静冷观，不要人云亦云。譬如一个人越是在头脑发热的时候，越要浇自己一盆冷水，不要发烧得不知道自己姓什么。譬如越是在人人去恭维一个人的时候，我们越要与这个人保持一定距离，以免日后有麻烦和牵连。譬如越是在欲望无节制的时候，越要克制自己的不良欲望。因为"自我欲望越大的时候，一个人的自知之明会越来越小"，于是，自己就容易迷失自己。任何事物都是正反相成的，譬如热闹的后面是烦恼，风光的后面是麻烦，得意的后面是痛苦，幸运的后面是不幸。我们不能只看到事物的正面，还要看到事物的反面。

立足本职工作

　　什么是一个人的"本分"？学生的本分，就是好好学习。员工的本分，就是努力工作。人生最重要的事情，就是做好自己的本职工作，而不是去幻想、乱想，或者去走不正当的路。如果一个人不去努力工作，不立足本职工作，却去谈什么高远的理想，策划什么宏伟的立业方案，那么全是黄粱美梦式的悲剧。见异思迁，这山望着那山高，都是人生的误区，千万不要做本末倒置的事情。本职工作，是一个人立身的"根据地"，如果一个人轻易丢掉"根据地"，那么会变成一个可怜的"流浪儿"。做好本职工作，则是人生成功的基础，也是人生辉煌的开始。有些人不喜欢本职工作，认为是委屈了自己。但是，任何事情都是这样开始的。本职工作不但是生存的问题，还是发展的问题。

　　立足本职工作的一个重要标志是做好工作中的小事情。细节决定成败。

　　立足本职工作的一个重要方面是自律、自强，做人之上品。没有约束的人生，是苦难的人生。没有自强的生命，是脆弱的生命。一个人为什么会受到他人的尊敬，是因为这个人既有道德修养，又有自己的工作能力和水平。一个人为什么会受到他人的厌烦，是因为这个人既没有道德修养，或者说根本没有什么人品，又没有自己的工作能力和水平。你是否能够生存好，关键的因素在于你自己，而不是别人。如果你的修养和才智比别人高，他人自然信服你。如果你处处不如别人，他人自然鄙视你。你将依靠你自己，而不是依靠别人。永远铭记这一点，对于一个人一生的发展是非常重要的。做人以及工作的极处，便是自律和自强。德行不好的人容易被鄙视，懦弱无能的人也容易被歧视。一个人的工作和品行的名声，是自己给自己争出来的，而不是别人恩赐的。

不自满自得

以自满自得的态度去为人处世和工作，实际上就是不智慧的表现。

工作中必须坚持"正人先正己，律人先律己"的原则。托尔斯泰认为："要让所有人都做得好，首先必须自己做好。"言教不如身教，说教再多，也没有一个人的实际行动来得精彩。譬如，你感到现在的工作无味，要想改造现在的工作环境，那么首先得改造你自己对工作的态度，而不是去埋怨别人和社会。一定要拿出"微笑示人，充满信心"的工作态度来。

另外，工作中千万不要意气用事，否则后悔莫及。多理性行事，少意气用事，是每个人都应该告诫自己的。做事不能凭感情，做事更不能凭感觉。意气用事必有麻烦，有时直觉往往是错误的。理性做事不会导致反复折腾，不会出现大的差错，不会使自己后悔莫及。凡事都不能太冲动！其实正确认识自己，就不会意气用事。《生活之路》忠告我们："在了解上帝之前，人必须先要了解自己。"了解自己的目的，就在于能够智慧生活，并且在工作中不去犯错误，或者少去犯错误。

烦中寻乐（一）

　　人生没有不烦恼的事情，关键是自己要去不断化解这些烦恼。同时，我们必须戒掉总是烦恼的坏习惯。譬如学习紧张，是烦；工作不顺利，是烦；人际关系不和睦，是烦；社会生存环境恶劣，是烦；股票总是"熊市"，是烦；生活费用一股劲狂涨，是烦；孩子上学费用还没凑齐，是烦；婆媳关系紧张，是烦……唉，人这一辈子，何日才能愉快起来？

　　如果我们总想那些烦心的事情，那么这一世的烦恼是没有尽头的。应当乐观地看人生，多想那些快乐的事情。并且应该智慧地明白，人生在世，就是与各种烦恼作斗争。每一件事情都有两个方面，烦恼的另外一面就有快乐的东西存在。如果只看到烦恼的一面，那么生活是非常苦楚的，所以要有烦中寻乐的本领。

　　生活中多些美好东西的发现，就可以少一些烦恼的心情，就多一些快乐的感觉。许多美好的东西，只是因为没有被我们发现，所以经常被冷落在生活的某一个角落。许多人生活太烦心，也是因为光用负面眼光去看生活，而缺乏正面的眼光去细心观察生活。只要我们用心生活，用真心真情去感受，就会发现世界并不是那样的令人烦恼，还是非常美好的。譬如与人交往总是有让你喜欢的，也有让你厌烦的。对于让你厌烦的人，就要理智地予以回避。对于让你喜欢的人，就要多真情对待。当然，适当距离是最好。别让不开心的情绪淹没每一天的生活，别让烦恼和愤怒的心情吞灭我们的生命。

生活和工作中有矛盾是正常的，不要因为有矛盾就总是烦恼。矛盾总是客观存在的，不以任何人的意志为转移。回避矛盾会使自己烦恼不已，积极想办法才是上策。回避矛盾是懦夫的行为，解决矛盾是强者的举动。矛盾是越怕越多，最后往往向矛盾屈服。矛盾是越理越少，最后往往是顺利解决矛盾。许多矛盾是可以轻松解决的，有时矛盾还会相互转化。关键是不要去害怕，不要去回避。为了矛盾而烦恼和不安，是不值得的，因为矛盾是时刻在发生的。对于矛盾应该有泰然处之的心态。只要有生活，就会有矛盾。回避矛盾是不现实的，因为矛盾是不断产生的。旧的矛盾解决了，新的矛盾又产生了，所以妥善处理好最重要。

烦中寻乐（二）

得不到的东西就不要烦恼，因为根本不是你自己的东西，也无所谓失去不失去，更不要去空悲伤。天下的好东西十分的多，怎能件件据为己有？一个人若有这般愚蠢的念头，那么就会早早地夭亡。贪欲是"痛惜"与烦恼的祸根，不贪占不是自己的东西，才有快乐的心情。要清除这些烦恼，就必须戒除贪婪的欲望。贪婪者最贫穷，知足者最富有。贪婪的心如果不改变，那么人生就难有安稳的日子。知足之心经常有，意外之喜时常来。贪婪者的路越走越窄，知足者的路永远充满欢笑。贪婪只有烦恼和痛苦伴随，知足者却能真正享受人生的快乐。善待不是自己的东西，珍惜不是自己的东西，远距离地欣赏不是自己的东西。

彻底失去自我，没有自我的人最烦恼。我们常困惑地问自己："我是谁？为什么会这样？"在忍耐中生活的人，在封闭中寂寞的人，在烦恼中无助的人，往往多有这种感慨。我们必须明白，生活的主人是自己，自己才是最重要的。没有自我的奋斗努力，没有自我的东西，依靠别人多是困难的、痛苦的。自己有能力，有生存的本领，有一定的经济基础，就多有快乐的微笑。一个人越是缺乏自己的个性，越是没有自信自强的能力，就越找不到自己人生的道路，就越没有自己生活的影子，就越没有自己生命的光彩。

生活肯定有麻烦，当然也有许多的烦恼，但是我们不能做生活中的不幸之人。生活中不可能不遭遇不幸，但生活的不同态度，却生出两种不同的命运。屈服于不幸的人，一辈子沦为不幸的奴隶。一个意志坚强的人，能够与不幸抗争，并且把不幸降至最少，这种人就是生活的真正强者。如果生活中没有麻烦，人生没有磨难、挫折，那么有可能是命运把我们给遗忘了。所以说，生活有麻烦，人生有挫折，这是常理。问题不在于是不是有烦恼，有麻烦，有磨难，而是我们对待这些麻烦或者磨难的心态，是积极的，还是消极的。切记：悲叹生活中的不幸是无用的，也是更为烦恼的。我们必须明白："要去做生活的强者，并且要乐观，有时候幸与不幸可能相互转化。"

被人尊重

　　一个人越是挖空心思地想得到别人的尊重，可能越得不到别人的尊重。尊重不尊重，在于别人看你是不是值得尊重的人。谦虚总是讨人喜欢的，自傲往往惹人讨厌。如果一个人因为身居高位而洋洋自得，那么更令人讨厌。哲人劝告："你想靠巧取豪夺是不成的，人得名副其实，而且有耐心等待它才成。重要的职位要求你具备相应的威仪和礼仪丰采。你只需具备你的职位要求你具备的东西和你用以完成你的职责的东西。不要把什么都做得不留余地，应该一切顺其自然。如果你想要成功，要凭你的禀赋，而不是凭你的华而不实的外表。""即便是一个国王，他之所以受到尊敬，也应该是由于他本人当之无愧，而非由于他那些堂而皇之的排场及其他相关因素。"

　　即便你是一个名气很大、威望很高的人，也不能随心所欲地放纵自己的言行。如果一个人总以自己的"表面东西"来处世，那么人生是要吃大亏的。特别是倘若自己已经自认为是"名人"，更要每天提醒自己："自己的言行表示自己的为人，自己是什么人并不重要，但自己的言行却很重要。"假如自己经常自私地在乎别人对自己感觉的言行，那么反过来想一想，别人也会十分在乎自己对其感觉的言行，尤其是在不对称条件下的那种感觉，也许自己无意中的言行会深深地伤害一个人。譬如自己与别人约会，若自己在乎别人的准时，那么就不要以为自己是一个"名人"就可姗姗来迟了。多听少说是福根，慎重行事最关键。同样的话，如果不谨慎地艺术表达，也会物极必反。同样的事，如果马虎去做，也会无果而终，而且有可能造成重大的损失。

一个人最容易从语言方面被别人看轻。如果许诺的时候是英雄，而行动的时候却是狗熊，那么是没有一点人格的。不可轻易许诺，否则就是麻烦不断。承诺是金，君子最重言行一致。一旦许下诺言，就要想方设法去兑现。不要在许诺时是英雄，但在兑现时成狗熊。特别是千万别在酒后的时候许诺，也别在情绪激动的时候许诺。一个人许诺多次而无法实现，就变成了谎言，而人们对于说谎的人不仅是非常厌恶的，而且是十分排斥的。谨慎许诺有利于人格的完善，为夸海口而乱许诺是吹牛专家！因此，我们要十分警惕"祸从口出"，说话真的不能太随便，许多灾难就滋生于此。祸从口出绝非戏言，古往今来多有例证。有张嘴不能想说就说，凡事还应该多多思考。话到嘴边留半句，不如说前先三思。适度沉默有百利无一害，何苦时时许诺争"英雄"？

大　智　慧

　　不管一个人自己有多么的聪明，都需要谦虚为人，都需要不断地努力。在社会上为人做事，光依靠自己的小聪明，而不肯踏踏实实地做事与勤奋努力，是绝对行不通的。一个人因为自己很聪明，而不肯谦虚，不肯去努力，已经变为愚蠢。因为自认为天下最聪明，而自高自大，瞧不起别人，则是蠢上加蠢。一个人过去在学习或者工作上取得了一点成绩，并不说明现在和将来的聪明。要是现在不努力，也是一样的愚蠢。一个人如果能够"谦虚谨慎，脚踏实地，吃苦耐劳，永远学习，时刻不忘积累工作经验，提高自身的综合素质"，那么他肯定是一个成功人士。实际生活中聪明反被聪明误的例子实在太多了，我们必须很好地吸取别人的教训。变聪明为愚蠢是人生最大的悲哀，但是许多人生悲剧，多是聪明人犯下的。

　　不能过分显露自己。一个人千万不要自骄自大，自认为自己是十分了不起的，这是为人处世的大忌。为人处世必须谦虚低调，我们应该有"上善若水"的智慧。水的品行和风格，主要是低调与谦和。水从来不张狂，总是悄悄地流动。遇到骄傲的岩石，它就躲避。碰到不讲理的石壁，它就绕道。但是，最后谁伟大？还是水啊！

不能与寂寞为伍的人是得不到人们尊重的。人人都有寂寞难熬的时候，所以抵御寂寞非常重要。没有信仰就会心灵寂寞，没有事做就会清闲烦闷，刻意自我封闭就会孤寂无援，灰暗心境更会寂寞一片。有人能耐得住寂寞，逐渐能成人生的"正果"。有人耐不住寂寞，就会头脑发昏，干出身败名裂的蠢事。不要热衷于你来我往，不要热心于吃吃喝喝，多留点时间勤于思考，勤于学习，勤于工作，多做有益于国家和人民的事情。寂寞是人生的常客，我们要经常与寂寞为伴。谁讨厌寂寞，不能与寂寞为伴，谁就会在人生路上遭遇挫折。寂寞是我们的朋友，我们不能扬弃，只能善待。

命随心转

命随心转，病由心生。"人可以贫穷，但是心不能贫穷，因为心里的能源，取之不尽；身体可以残废，但是心不能残废，因为心里的健康，用之不竭。"中医最高的养生境界是养心，锻炼身体必须身心共炼。所以有"下士养身，中士养气，上士养心"。一切病从心生，一切病从心治。同样的道理，人的命运也是自己的内心决定的，譬如对于生存的环境，你可以是消极的心态，也可以是积极的心态。最后的效果一定大不一样。前者可能经常生活在愤怒、烦恼和痛苦之中，总是采取"攻击"的抱怨状态，抱怨国家抱怨社会抱怨生活对不起他（她），一辈子总是不快乐、不如意，失败始终缠绕着；后者可能经常生活在心平气和、宁静和快乐之中，总是采取"宽让"的报恩状态，感谢国家感谢人民感谢父母感谢社会感谢生活感谢一切应该感谢的，一辈子总是幸福的、满足的，其人生状态是乐观向上。"人生一切事业，皆以精神为根本，而精神之衰旺强弱，全赖心神之静定不乱。"人这一生总是在找别人的毛病，有几个人在省察自己的毛病？心定则气平，也是命随心转的结果。因此，管理你的内心，不但获得健康和增加寿命，而且能够获得好的工作状态以及好的命运。

　　"内心有两种，一是真心，一是妄心。真心是水，妄心是波，波因风动，风止波息，而水不动。"现代人内心深处总有不安全感，又不注意修炼自己的心智，不去追求真善美，热衷于物质生活的享受。因此，追求财富就成了一生追求的目标，但是这种追求的结果是很可怕的。有时候这种对于财富的追求往往是盲目的、贪婪的，甚至忘记了国家法律和社会道德的约束，于是人生的灾难就来了。人们对于物质的欲望是无止境的，一旦这种欲望得不到控制，那么就是无穷无尽的烦恼和痛苦，于是疾病来了，厄运也追随而来。与其这样生活，不如通过管理你的内心，培养出一种好心态伴随你的一生。

内观自在

在了解社会和别人之前，必须先要了解自己。在管理社会和别人之前，必须先要管理自己的内心。当我们心平气和地准备学习管理自己内心的智慧的时候，首要的任务是要客观公正地评价自己。"我是谁？我的社会定位是什么？""我的人生是为了什么？""我为什么会痛苦和烦恼？""我的立身资本是什么？怎样才能做一个对社会对人民有贡献的人？""我的弱点和缺点在哪里？怎么改进？"……

倘若一个人只知道普通的生活习惯，而不知道管理自己内心的重要性，那么与动物就没有什么区别。管理自己内心，会让人生释放出巨大的道德修养和快乐幸福的光彩，给自己带来健康、尊严、财富和幸福。一个善于管理自己内心的人，冥冥中也能够躲避人生的许多灾难，因为我们有能力去辨别社会上那些丑与美、善与恶，等于内心有一个衡量的标准，可以抵御不良风气的侵袭，于是人生就与一般人不一样，从此就走上了一条光明的成功之道。

管理自己的内心，拥有良好的道德修养是自己人生的"保护器"，不管在什么样的环境，都可以确保我们平平安安、心平气和地生活。在烦恼的时候，可以免受痛苦的折磨。通过道德修养获得"乐观、宽容和忍耐"之心，去维护自己的健康、尊严和幸福，这时候任何邪恶的思想都不能入侵自己的内心。一个人可以丢失钱财，但是不可以丢失自己的道德修养。一个人可以没有华丽的服饰、没有名贵的车辆、没有豪华的住房，但是不可以不去管理自己的内心。

又譬如一个人走上重要的工作岗位，却只会做官弄权，不去管理自己的内心，不重视道德修养，不正确处理好做人做事与做官的辩证关系，只把人民给予的权力当作自己事业成功的特殊本领，那么其人生灾难就来了，而且在任命的那一刻厄运就已经缠绕了。因为一个不善于管理自己内心的人，出事是迟早的事情。人生总是祸福相依，好运气始终伴随坏运气。任何的工作岗位都有两重性，那些炙手可热的岗位，其岗位背后隐藏着巨大的风险，我们更应该头脑清醒，更要有如履薄冰的感觉，去谦虚低调做人、谨慎小心做官。

有些人为什么一生都是好运气，因为他们知道管理自己内心的重要性，在任何时刻都会严格要求自己，不会放纵自己。有权力的人更要明白管理自己内心的必要性，提高自己的道德修养。权力的责任和权利是紧密相连的，光知道享受权力的权利，而不去承担权力的责任，那是人生的灾难和愚蠢。管理自己的内心就是要让自己明白：什么是权力的责任，什么是权力的义务，怎么才能谦虚谨慎、秉公办事、兢兢业业完成这份重任；敬畏国家的法律，注重舆论监督，依原则高效率办事；热爱人民，彻底向人民负责；保持谨慎、谦虚和廉洁的人生态度，时刻警惕和预防潜在的权力和人生风险。

提高健商

人生首先要健康，因为健康是最大的幸福。树立正确的健康观念，尊重自己的生命，自己要主宰生命的健康，并不断提高健商水平。不要把健康托付给医生。光有智商是不够的，人生的成功是一个人综合素质保证下的成功，所以说，智商、情商、财商和健商，自然是一个都不能少的。如果没有健康作为人生的基础，那么什么都谈不上。没有健商意识，没有良好的身体，也会一事无成的。珍惜生命从提高自己的健商开始，提高生活的质量从自我保健做起，热爱人生从提高健康意识做起。

一个人的强身健体要从两个方面抓起，一是要抓身体的健康，使自己的体能具有很强的免疫力，譬如不会经常地感冒发烧，能够进行日常的学习和工作；二是要抓心理的健康，使自己有足够的精力，乐观地处理工作和生活的各种事项和问题，譬如不会经常地闹情绪，发脾气。光有身体健康是远远不够的，还要有心理的健康，心理健康要比身体健康更为重要。人们多重视身体的疾病，一旦发现身体有疾病，就会通过一定的治疗和休息，于是身体马上能够得到恢复。但是，人们经常忽视心理的疾病。明明许多人有心理的疾病，可是他们就是没有意识到。"健康不仅是免于疾病和衰弱，而是保持体格方面、精神方面和社会方面的完美状态。"心安才能身安，没有心理的健康，身体也很难健康。

最好的医生是自己

　　有专家认为："每个人的健康和寿命60％取决于自己，15％取决于遗传因素，10％取决于社会因素，8％取决于医疗保健，7％取决于气候影响。"健康的主动权要紧紧地掌握在自己手里，不要把健康的希望放在医生身上，更不能放在某些医药上。靠天靠地不如靠自己，只有提高自己的身体体能，提高自己的免疫力才是上策。不能把药当饭吃，人类自身就有强大的抵抗力，譬如一个人偶尔有点病痛，但是经过一段时间的疗养，就会逐渐地恢复健康。药物只是起到辅助的治疗作用，主要还是自己机体的抵抗力和恢复力。"如果能够使自己做到起居有常、饮食有节、心理平衡、经常锻炼和科学学习和工作等，那么自己就可以达到增强体质、心情愉悦并预防疾病的健康目的。"

　　愉悦的心情有利于健康。多寻找愉悦的心情，譬如经常听一听"宽心谣"，能够使自己乐观起来、高兴起来。"日出东海落西山，愁也一天喜也一天。遇事不钻牛角尖，人也舒坦心也舒坦。一年四季平常过，多也喜欢少也喜欢。

少荤多素日三餐，粗也香甜细也香甜。新旧衣服不挑拣，好也御寒赖也御寒。常与知己聊聊天，古也谈谈今也谈谈。朋友同事同样看，男也心欢女也心欢。全家老少互慰勉，贫也相安富也相安。早晚操劳勤锻炼，忙也乐观闲也乐观。心宽体健心充实，不是神仙胜似神仙。"时常宽慰自己的心灵，不是老年人的专利，年轻人也要经常宽慰自己的心灵。我们不能控制天气，但是可以控制自己的情绪。让自己高兴起来，不要让自己郁闷痛苦。所有的幸福和快乐，以及健康，其基础是一个人的内心状态。

绝对不能死于无知和愚昧。无知的生活最可悲，要学会科学地生活，特别是清廉生活有利于健康。生命是宝贵的，要爱惜、珍惜才对，其实有很多疾病是完全可以预防的。很多人不是死于某些疾病，而是死于自己的无知。因为自己的无知和盲目的活法，所以自己的身体最容易出大毛病。如果一个人不懂任何医学的知识，不知道自己身体的语言，不懂得怎样去预防疾病，也不善于科学地调理日常的饮食，更不讲究自己的修身养性，那么最会损害自己的健康。有的人少年就得了老年的病，多因不健康的生活方式所造成。如果自己具备一定的保健知识，那么自己的寿命起码延长三分之一。许多人往往是在前半生用健康换财富，而到了后半生却用财富换健康，二者相抵消，等于这一生也是枉活。实际上这些人一开始就不明白什么是最重要的东西。人生中一定要及早明白，什么是生命中最重要的东西，那就是一个人的健康。世界上最重要的东西，不是财富、权力，更不是名誉和美貌，也不是事业和成功。只有今天的身体和心态是健康的，才是最为重要的东西。如果今天的心是痛苦的，如果今日的事是烦恼的，如果现在的人是厌恶的，那么财富再多，权力再盛，名誉再大，美貌再艳，一切也是徒然的。健康是1，其他是零，就看是在1的前面还是后面。多想有用的事情，一定要活好今天。只有今天自己是健康的，自己才有幸福可言。如果一个人每天躺在病床上，那么人生还有什么意义呢？怎么为国家为人民服务？

与人交往多学问

庄周说:"君子之交淡若水,小人之交甘若醴。"如果自己知道应该与什么样的人交往,并且知道保持多少的交往距离,那么就不会有这么多的烦恼和痛苦了。与人交往,必须谨慎,尤其是拥有人民给予权力的人。譬如与小人、恶人不可交往,否则日后肯定倒霉;与多嘴之人交往,日后决无清净的时光;与好利之人交往,日后必受其累;与奸诈之人交往,日后肯定被其算计;与权欲之人交往,日后难免被其抛弃。所以,在人生路上交友一定要谨慎,不是德才兼备之人不可交。特别是不要随随便便被人喜欢或者去喜欢一个人,看了第一眼,就视为知己,并且与其"热烈"地交往,这是非常草率的行动,也是十分愚蠢的行为。

选择朋友,不以真诚信任以及相互帮助为目的,而一切以利益、名誉等为重,肯定要出问题。因为双方的利益关系而成为朋友的,不能算是真朋友。今天你有钱有势我就是你的朋友,恭维你,利用你;明天你下台败落我就奚落你,远离你,乃至永远地置之不理。这样脆弱的朋友交往没有任何意义，完全违背了"君子之交淡如水"之理。朋友间交往必须依靠两个人的素质、信仰和品格等所维护。一桌酒宴，一件礼物均不能表明二者之交情，唯有危难之中才可见朋友的真情。因为平时大家客客气气，没有真正的考验和测试，只有危难才是试金石。

　　交朋友应该带来幸福和快乐。与可以作为自己老师的人为友，我们能够获得知识、幸福和快乐。但是，有时候如果交友不谨慎，那么就会带来巨大的灾难。交朋友有助于一个人博学多闻，彼此的交谈有助于互相的教益。所以，选择朋友非常重要，一旦你的朋友好像你的老师一样，那么你会得到许多快乐。因为你能获得学问和交谈的乐趣。"要乐于和悟性高、品德好的人一起相处。""一般情况下，是我们自己的兴趣使我们接近别人，所以，我们这种兴趣必须是高尚的，而且对方的也是高尚的。"如果彼此说出的话，都能够获得喝彩，那么彼此的交往都能够获得收益。那些谨慎的人，不会与人随便交往。他们经常与那些可以作为老师的人相处，特别是那些英雄豪杰，尽管他们也很优秀。优秀的人都有共同的特点："以身作则，与人为善，饮誉天下。"

吃喝不是小问题

　　吃吃喝喝不是朋友。依靠酒肉的联系，绝对不是朋友的关系。若是人与人的关系总是维系于酒肉，则真情何在，诚意怎觅？以吃吃喝喝为纽带，情谊是短暂的，也是脆弱的。特别是小人会利用酒肉来套近乎，因此我们应该警惕小人的把戏，分清君子与小人。近小人，容易败名丧节；近君子，可以陶冶性情。小人图私利而引人作恶，君子重事业而促人向上。小人总是讨好，谀言阵阵，君子总是直言，忠心耿耿。在成功的微笑和掌声中，往往难以寻觅到真正的朋友。交友不慎，终生遗憾，择友的时候应试一试是真心还是假意。

　　相处和利益经常是绑在一起的。有人告诫："绝对不要和一无所有者相处，更不用说相争了，因为这种抗争是不公平的。相争的一方已丧失了所有，身无廉耻之心，他尽可赤膊上阵，无所顾忌。他已抛弃一切，再也没有什么可失去的，愈是能目空一切，孤注一掷。"因此，我们不可拿自己的名声在这种人身上下赌注。不要认为一无所有那种人好相处，多殷勤，实在无牵挂，其实这些都是假象。一个人的好名声得之不易，不要因一个人而毁于旦夕。智慧的人懂得与人相处的利害关系，懂得什么会毁坏其名誉。因此，谨慎相处是其做人的原则。

从你与什么人相处，就能够知道你是什么样子的人。与品德高尚的人相处，你的道德水平也会提高。如果你经常与那些品德低下的人为伍，那么你的道德水平也会下降。愈是完美的、检点的人，愈受人尊敬和尊重。愈是不完美的、不检点的人，愈受人鄙视和唾弃。因此，"不要接近令你黯然失色的人，而要和那些能映衬你风采的人为伴。马歇尔诗中聪明的法布拉之所以在她其貌不扬又不修边幅的女仆中显得美丽不凡、光彩照人，也正是出于这个缘故"。如果没有好朋友相处，那么你也不要滥竽充数。一个人不要自寻麻烦，也不要贬损自己。物以类聚，人以群分。无论你是什么人，是卓越的人，还是卑微无能的人，你都要与品德高尚的人相处。品德不好的人，没有生存的空间。

忠告权力者

为什么许多人追求权力，最后却被权力的恶魔给吞没了？是这些人没有智商？不是！这些人的智商往往超群。问题在于这些人缺乏人生的大智慧，只知道权力所带来的好处，一旦有了权力以后，就忘乎所以，为所欲为，于是自己把自己给坑害了。有哲人这样忠告：

"岗位的权力，并不是自己的本事。能够走上这个岗位工作，那是人民的信任，也是自己的幸运。世界上比你有本事的人多得是，但是别人因为没有这个机遇，所以更应该谨慎和珍惜，兢兢业业地工作，而不是去张狂和骄傲。"

"用责任心去做好工作。做人，做事，而后才是做官。如果首先是想着，怎样去做官，而不去琢磨怎样做事，那么就会早早完蛋。不要只为自己而活，还要为别人而活。一个人必须要有爱心，学会讲奉献精神。完全为自己而活是绝对的自私，而绝对的自私容易引发罪恶的欲望，结果导致人生的毁灭。一个人活着必须对社会和别人有所价值。"

"用爱心去善待别人。不要居高临下对待别人，人与人是平等的，要多高看别人一眼，多低看自己一眼。别人越是高看你一眼的时候，你越要清醒头脑。一个人的水平有高有低，但是做人的态度一定要好。不要认为自己手中有一点权力，就可以骄纵世界，就可以瞧不起所有的人。"

"要随时清除心中的邪念。越是没有人监督的时候，越是要有理智，不要忘乎所以。手伸出去的时候，就要想一想被抓住的时候。不要过分追求物质享受，而要提升自己的品位和思想。追求物质享受，总是苦海无边。提升自己的品位和思想，总是幸福无边。人生苦短，要看追求什么。追求良好的品德，能够使人流芳百世。"

"控制自己的情绪，不要随便发火。你没有理由去随便发火，认为你有水平，有能力，地位高，权力重，一旦你失去权力的时候，那么你就什么都不是。可能，你连做人都会很困难。出言一定要谨慎，在大家都十分关注的时刻，更应该谨慎言语。人们对于越是位高权重的人，越会在意他的说话口气和说话的态度。有时候，即便是一时的玩笑话，有人也会琢磨半天。"

"与人交往更要谨慎。交往，不要看错了人。用人，不要看走了眼。越是位高权重的人，越会有人去套近乎，去百般拉拢。不是什么人都可以交往的。你必须清楚，别人看重的是你的权力位置，而不是你本身。人生最痛苦的是错把奸诈之徒，当成自己的知己，或者重用。"

"牢记'花无百日红'的人生道理。人走鸿运的时候，更应该小心警惕。一个人不可能永远走鸿运，经常想一想自己下台的时候，就不会忘乎所以了。人生好像一场戏，有开始的时候，也有结束的时候，智慧的人知道什么时候该收场。如果戏在高潮的时候，也离谢幕不远了。同样的道理，人在勇的时候，就要想着衰的时候。"

"人生的'凉茶'是自己沏的。你怎么对待别人，别人反过来也会怎么对待你。有时候，就是一个时间问题。在位时，不做好人，下台以后别指望有人用好的脸色来对待你。世界上最美好的事情，不是你拥有权力的感觉，而是没有别人的妒忌和攻击。一个人要避免他人恶意的妒忌和疯狂的抨击，最明智的办法，就是要适当地收起自己的傲骨，收起自己的光芒，不要处处锋芒毕露。"

"得意忘形的后面，就是痛苦懊悔。人生越是得意，越要小心，要知道危险就在后面。祸福相依，越是位高权重的人，越是要小心翼翼。一个人必须清楚地知道，灭亡自己的罪魁祸首是自己，并不是他人。别认为自己一贯正确，别只听自己的声音，别认为自己是世界上最了不起的人。只管自己的快乐，不管别人的痛苦，这种人迟早要倒霉。千万不要那种'点燃别人的茅房为了自己开心'的欢乐，那是自己给自己唱葬歌。做人必须要宽容，心态一定要平和。"

"地位越高，权力越大，可以随心所欲的机会就越多。越是位高权重的人，越会被别人吹捧成为神仙，于是没有智慧的人，就越会自我感觉良好，认为自己什么都能，什么本事都有，结果最容易出问题。了解自己的缺陷，不断去克服这些缺陷。保持自己的独立性，保持自己的人格，保持自己的谦虚，保持踏踏实实为人民工作的朴实作风，这些是永远保持平安的法宝。"

"要与有原则的人相处。要看重一个人的人品，而不是看重一个人的小过错。如果总是看一个人的小过错，那么就不可能有好心情去发现其优点，更不会与其友好相处。凡事都要宽容大度与人相处，而不是去斤斤计较。总是计较一个人说过的一句话，或者做过的一件事情，那肯定会愤怒、烦恼和痛苦，于是许多麻烦就来了。不要总是用批评的口气与人相处。因为自己是领导，所以处处高人一等，就可以乱批评别人，这是物极必反的做法。"

"越是有权力的人，越要检点自己。你要友善地提出对别人的建议和批评，不要总是用恶意的态度和语气与别人说话。即使说'不'，也要让人心服口服。别人要求你做违反原则的事情，那是绝对不能做的。但是，拒绝的口气应该注意，一定要婉言拒绝。下属的优秀能够证明领导的有水平，不要抑制下属的水平发挥，而是应当鼓励他们去工作。狼的下属，即便是羊，也会变成狼。羊的下属，即便是狼，也会变成羊。不要害怕下属的能力超过自己，下属干出成绩也是你的成绩，对于增加你的名声是有好处的。抑制下属有两个致命的害处：一是容易离心离德，二是让自己的恶名远扬。"

崇高的精神

　　一个人有崇高的精神，那么就能够使自己的灵魂高高地飞翔。为什么必须要让自己的灵魂高高地飞翔，而不能让自己的灵魂腐烂发臭呢？这是区别人生有没有意义的试金石。虽然雄鹰有翅膀，可以高高地在天空中飞翔，但是它永远到达不了其心灵的仙境。虽然鸵鸟有翅膀，但是却只会用双脚在沙漠上奔跑，其翅膀却从来没有派上过用场，在很多时候反而成了自己的累赘。而一个人虽然没有翅膀，但因为有精神，却可以让自己的灵魂高高地飞翔起来，到达任何其他动物到达不了的地方。心灵的力量，远比身体的力量强大，有崇高精神的人不但自己能够很好地生活，而且可以战胜任何困难，并且承受各种失败的打击。因为身体的力量，只能满足于自己简单的生存，而心灵的力量却能彻底改变一个人的命运。在满足自己的温饱以后，最重要的是修炼自己的灵魂。

　　崇高的精神，关键的有三种，即爱国精神、热爱精神和奉献精神。孟子说："人有恒家，皆曰天下国家。天下之本在国，国之本在家。"爱国精神是国家繁荣富强的根本，也是中华民族能够兴旺发达的根本，更是战胜灾难的有力武器。有了爱国精神，就有至高无上的责任感，就有团结一致的力量。另外，只有国家强大了，国家稳定了，人们才能够安居乐业。所以，在国家遭遇灾难的时候，我们更多的人要舍弃小家，来保大家，保国家。热爱精神是一个人获得快乐幸福的可靠保证。奉献精神是使人生充满活力的"神丹"，只有自己心生奉献，那么自己的生命就会有意义，自己的人生也会美好。有崇高的精神，其心态也好。于是就能够热爱自己的生命，热爱自己的祖国，热爱自己的事业，热爱自己的同胞。有崇高的精神，其对生命的渴望也强烈，一旦当自己的生命受到灾难打击的时候，就会马上行动，积极地予以预防或救助。

热爱祖国使我们更高尚，更有崇高的精神。英国诗人拜伦说："凡是不爱自己国家的人，什么都不会爱。"倘若我们看不惯身边的一切，总认为国外的月亮比自己国家的圆，就会活得不耐烦，就要痛苦缠绕，就可能犯好多错误。如果自己一味地崇洋媚外，把自己的国家和人民贬得一文不值，那么这种人会活得痛苦不堪，也没有自己的人格和国格，会被所有的人瞧不起。鄙视自己的祖国，就是鄙视自己的母亲，鄙视自己的本身。一个人连自己的祖国和人民都不爱，还有什么资格去谈"爱国"呢？还有什么资格去谈人生呢？还有什么资格去谈生命价值呢？还有什么资格去教育别人呢？那种一味指责谩骂，既怨国家贫穷落后，总是多灾多难，并且指责人民愚昧无知，什么知识都不知道，什么良好的生活习惯都没有，又怨自己生不逢时，为什么不生在国外的人，只怕一点改变不了这个世界，而自己早已被怨言所吞没。

崇高精神的体现之一就是必须拥有良好的公民道德。英国学者罗素说："没有公民道德，社会就会灭亡；没有个人道德，他们的生存也就失去了价值。"我们的美德不能停留在口头上，而要体现在行动上。美德绝对不是一件装饰品，如果美德作为一种装饰品，那么就会沦为人身上的一种物饰。譬如人人都要爱护公共财产，不随地吐痰，遵守公共秩序等，这是一个人起码的道德观念。一个人美好的品德，是融在自己身上的精灵，是无法用金钱、权势等去取得的。美德是别人用心中的"秤"，来衡量一个人言行的一种道德"评语"。一个人的美德无法用投机、奸诈、威吓等方式攫取。如果一个人不遵守公共道德，那么他如何立足于人世呢？又有何脸面去面对公众生活呢？因为我们遵守了公共道德，所以世界就会变得美好。我们总要给别人树立榜样，总要给别人带去奉献，总要给别人带来希望，总要给别人带去温暖。

公共道德是每一个人都必须要遵守的。没有公共道德意识的人，是为天下人所唾弃的。自觉遵守公共道德，显示了一个人灵魂的力量。如果自己给别人带去文明，带去幸福，带去光明，带去舒适，带去愉快，带去安全，带去爱心，带去宁静，带去快乐，带去……那么同样别人也会给自己带来这一切。奉献使一个人生活得更美好，给予比接受更为有福分。一个人最应该装饰的是自己的心灵，而不是自己的身体的外表。华丽的衣服再漂亮，如果自己的内心是丑陋的，那么这个人也是十分丑陋的。一个人必须先要自己讲道德，才能让别人信服。如果自己都不成全自己，那么怎么叫别人相信呢？

养生先养心

虽然你拥有金钱，但是你没有健康的心灵和身体，你依然是一个可怜的人。虽然你一时拥有权力，但是你光知道享受权力一时的好处和快乐，而不去重视自身的道德修养，你依然是一个危险的人。当前，尽管中国已成为世界第二大经济体，人民生活相对富裕起来，但是有些人的怨言却很多，生活很烦恼，甚至痛苦，这是为什么？关键是人心浮躁，急功近利，金钱至上。生活富裕了，人们本应该相对快乐和幸福。但现在情况是，富裕与快乐、幸福却成反比例。主要的原因还是有些人的个人心态和社会心态出现问题。

心理的疾病还需要心药来治疗。养生先养心。"养生若分境界，低者养生，高者养心，达者则一起养社会的心。无论是改变自己的心，还是改变整个社会的心，都需要彼此的觉悟。"从中医理论来看，疾病主要是心生的，譬如"炎症"的"炎"字，是两个火加起来的，而火怎么来的？是由心变化出来的。一个人心烦意乱、气不顺，愤怒、烦恼多，就容易上火，上火的结果往往是"发炎"了。许多人明明知道我们活着主要依靠自己的心灵，却以为肌肉强壮就是健康，不修个人心灵，带着烦恼痛苦的心情去锻炼，能有什么好结果？许多人以为补养品能够养自己的健康，却从不去养心，结果是越补越空。心情是自己可以做主的，既然人活的是心情，为什么不去安慰自己的心灵呢？这是典型的养生误区。元朝《丹溪心法》说："与其救疗于有疾之后，不若摄养于无疾之先。"有专家说："唯独最了解自己的人，才能做到既养身，又养心。要在人生追求与身体健康之间找到平衡，需要一颗能面对自己内心的平常心。"有人为什么能够活到106岁？医学专家分析："就是首先养心，能够做到心平气和生活。任何人之所以染上疾病，主要的原因都在于心态的失衡。"

"天道无私，常予善人"，理解为"天亦喜欢仁德，经常帮助德厚的人"。修身先修心，是人生幸福的基础。宁静能致远。有知识的只叫小聪明，人生必须要有大智慧。智慧的慧字下面是心灵的心，上面加个笤帚，反向清扫，就会获得生活、工作、事业的丰收。谁来清扫自己的心灵？我们总是找别人的毛病，却没有反过来看一看自己，这就是修身先修心的重要性。但是现在的人能够经常"反观自照"的太少！"所以智慧难得，智慧有一点点都叫大智慧，聪明再多也仅仅是小聪明。有的人聪明一世，最后到老什么都不是！将心灵的垃圾清扫干净，病和命运就能扭转。"

修身先修心要求我们：一个人必须要小心谨慎做人，不要认为自己比他人高贵、高明，要当心丑态百出。不要认为自己有权力了，或者有钱了，有名气了，就自认为了不起，瞧不起天下人，得意忘形，为所欲为，那是在自己找死。许多人往往是自己"作"死的，而不是自己病死的。譬如一个原本并不高尚的人，偶尔一个好的机会，使他位居一定高位，于是他就轻飘飘的，不知自己姓什么，想干什么就干什么，那么其悲剧就开始了。一个原本很贫困的人，偶遇一笔横财，使他过上奢侈的生活，于是就马上显露"暴发户"的本性。这种浅陋者在我们生活中还少吗？！

修身先修心更要求那些拥有权力的人清楚地知道：他们肩挑着单位成败的责任，承担着与别人不一样的责任和义务。权、责、义，是一致的。他们既要向单位负责，向国家负责，向人民负责，也要向家人负责，向自己负责。这样，他们就会兢兢业业，踏踏实实，谨慎小心，努力工作。而有些人就不是这样想，也不是这样去做。他们认为自己拥有了权力，是自己的本事，可以风光起来，可以享受起来。于是，人生的不幸开始了。身为领导者，当你决定了人生的方向，也要为其结果负责。要想到，人在高处，有多少人的眼睛在盯着你。

托尔斯泰认为："要让所有人都做得好，首先必须自己做好。"要求别人做到的，自己必须首先做到。言教不如身教，说教再多，也没有一个人的实际行动来得精彩。譬如，你感到现在的生活和环境无味，要想改造现在的一切，那么首先得改造你自己对生活的态度，而不是去埋怨别人和社会。拿出"微笑示人，充满信心"的生活态度来。自律养心是优秀人格的基石，也是有品格人的基本素质。他们总是说到做到，遵守诺言。他们不但自律养心，而且懂得关怀他人，所以深得他人的信赖。如果你懂得尊重自己，那么首先就要自律养心，不断提高道德修养水平。这样，别人会因此更加尊重你。

采撷智慧的阳光

一个人采撷智慧的阳光是不能间断的。万物生长靠太阳，同样的道理，一个人要是停止了学习和思考，就得不到智慧的"阳光"，就会停止了人生的茁壮健康成长。智慧多来自于一个人的学习和思考，而愚蠢则多来自于一个人的自满和自大。只有通过不断学习和思考的方式来执着地追求智慧的人，才是世界上最聪明的人。那种自以为已经得到智慧的人，却是世界上最愚蠢的人。一个人在知识上要不断学习，在思想上要不断思考，在经验上要不断总结，在品行上要好好修炼，在言行上要注意谨慎，在健康上要不断注意锻炼和保养，只有这样才能逐渐地把自己培养成睿智仁爱之人。

我们活得好，不是因为我们有好多金钱，有巨大无比的权力，有闻名天下的名气，有漂亮的容貌等东西，而是因为我们有生活的哲学，有人生的智慧。

学习永远是自己的事情。学习永无止境，一个人完成学业以后，并不意味着一生学习的完成。现代社会知识更新很快，稍有松懈，就会落伍。在这竞争日益激烈的社会里，充满着人生的各种危险，而最大的危险就是不爱学习，如果一个人无知无识，那么将会被社会无情地淘汰。

有人精彩地说："一个人只有仁德，却不爱学习，它的弊病就是愚蠢；一个人只有聪明，却不爱学习，它的弊病就是放荡；一个人只有诚实，却不爱学习，它的弊病就是危害亲人；一个人只有直率，却不爱学习，它的弊病就是说话尖刻；一个人只有刚强，却不爱学习，它的弊病就是狂妄。"

学习是自己的终身大事，千万不能忽视。知识永远没有够的时候，一定要努力去学习。那种认为"人过四十不学艺"的观念是错误的。

第四部分

智慧与知识一样重要

现代人生智慧之一就是别为外界的干扰而百般地烦恼。

一个人干的事情越多，受别人指责的机会也越多。生活中的常例告诉我们："一棵果实累累的大树，才会被众人扔石头。"人世间也是一样，当自己稍有一点成就时，就会被别人无端地指指点点。假如自己什么都不做，别人也不会说三道四。当我们明白这些道理时，就不会经常生气。因为一个人干的事越多，犯的差错就越多，受别人指责的机会也就多。如果一个人什么事都不干，那么就不会犯任何差错，也不可能被别人瞎议论。所以，对于一切的谣言和疑忌，藐视是最好的武器。平息别人指责的最佳办法，是心平气和、置之不理。因为，假如不予理睬，过不了多久，这种无聊的指责就会随风而去。不要拿别人的过错来惩罚自己，自己应该正确看待别人的瞎议论。更不能因为别人的闲言碎语，而扰乱了自己的进取心，或者动摇了自己的奋发向上的决心。

现代人生智慧之二就是淡然地面对过去，好汉不提当年勇。

一个时代有一个时代的英雄，一个时代有一个时代的环境，一个时代有一个时代的中心，一个时代有一个时代的价值，一个时代有一个时代的标志，一个时代有一个时代的时尚。如果自己故意混淆不同时代的衡量标准，实际上是极端的自寻烦恼。过去的好汉不一定是现在的英雄，除非自己还在不断地努力。总认为自己是任何时代的英雄，不管时代在变化，环境在变化，标准在变化，永远躺在荣誉簿上吃老本，只会越"吃"越烦心，越活越痛苦。过去的已经过去，还重复提它干什么呢？一个人必须正视现实，转变观念，心态平和，这样才能轻装前进，并且越活越快乐。

自己有平和的心态，就有快乐的人生。自己的过去绝对不能证明自己的现在，所以不要把过去的功劳经常放在自己的嘴边。

现代人生智慧之三就是人人都是世界的过客，所以必须善待生命。

世界上的生命尽管是生生不息的，但是作为一个人的生命却是相当有限的，我们活80岁也是只有80年的寿命，活100岁也是只有100年的寿命。而且去头切尾，自己真正明白的时间也不过那么短暂的几十年。生命不可能因为你是一个富贵之人，而对你格外的优待，也不可能因为你是一个贫苦之人，而对你格外的刻薄。并且有时候生命是那样的琢磨不透，大家认为这个人应该很好地活下去，可是命运就是那么的残忍，就是要剥夺他的生存权利。于是，让悲痛始终充满这个世界。大家认为这个人早应该走了，可是命运就是这么的可笑，就是让他一年一年地健康地活着，活得这个人都觉得有点腻烦了。于是，人们经常会有生命是多么的不公平的抱怨。

自己的智慧人生是从更好地善待自己的生命开始的，自己真正的生活也是从自己对生命的不惑开始的。一个人越是明白生命的意义，那么这个人就越是活得明白，活得幸福和快乐，就越能够为国家和人民多做点事。

克服人性的弱点

　　人性的弱点之一就是贪心做人。但是贪婪的结果，往往是一无所有。有一天，上帝遇到一个号啕大哭的樵夫，问其哭泣的原因，原来他把斧头掉进河里了。于是上帝决定帮助他。上帝从水中捞出一把金斧头，樵夫说不是他的。又捞出一把银斧头，樵夫还说不是他的。直到上帝捞出一把铁斧头，樵夫说是他的。上帝被他的诚实所感动，把三把斧头都送给他。不久后，樵夫的妻子也不小心落水。上帝又决定帮助他。上帝从水中捞出一位美女问是他的妻子吗？樵夫说是的。上帝非常生气，认为樵夫是个贪心的小人。樵夫本来就想换妻，嘴巴却解释说不是这样的。上帝已经看出他的心思，并惩罚了他。不但把他已经淹死的妻子给救活了，而且把金斧头和银斧头也给收走了。因此，不贪是福。贪心做人，不但没有什么人缘、人品，而且会什么都得不到。这就是"越贪越没有"的道理。

　　另外一种人性的弱点是自满自得做人。"过分的自我感觉良好实际上是一种无知，它虽能导致傻瓜般的幸福感，让人得一时之快，但实际上常常有损于名声。不要自满自得，这是愚蠢的表现。"如果一个人不能感觉和欣赏别人的美德，那么就会陶醉于自己的平庸，认为自己是世界上最优秀的人，于是，就会感觉良好。一个人感觉良好的时候，多数会有恃无恐。在这种自我欺骗的生活中，往往会犯大错误。如果一个人不从自我恭维的陷阱中警醒过来，那么其人生之路就要充满各种危险。成败依自我而定，有时自我清醒，则对自我是有益的。有时自我糊涂，则对自我是有害的。认为别人是傻瓜的人，其实是一个让人无可奈何的傻瓜。自满自得，实际上是最空虚的心灵满足。表面看，好像是鲜花一样美好，但是，实质上是毒草一般。

最悲哀的人性弱点是不敬重自己的生命。生命既是神奇的，又是神圣的，但是生命却又是非常短暂的。生命不会因为你是英雄豪杰，而对你特别宽容；生命也不会因为你是平民百姓，而对你特别苛刻。生命对于每一个人都是一视同仁的，那就是每个人都只有一次生命的权利。有一点例外，那就是只有珍惜生命和善待生命的人，才能延长自己的生命，并且能使自己的生命散发出夺目的光彩。特别是当一个人经历过灾难或者死亡的考验，更能体味到一个人生命的可贵。因为贪欲而无知地糟蹋自己生命的人，是不会彻底懂得敬畏生命的真正含义，更不会懂得人生的真谛的。不要疾病缠绕或者死到临头的时候才去懊悔，自己为什么不好好珍惜自己的生命呢？在日复一日的平常的工作和生活中，我们更要深刻地思考这个问题，并且能够不断地反省自己。

点一盏智慧的心灯

一个人如果能够不断克服自己的弱点，那么就不会走上人生的岔路，当然更不会陷入各种疾病和死亡的陷阱。可悲的是，许多人只看到别人人性的弱点，而看不到自己人性的弱点。

"一位科学家知道死神正在寻找他，于是利用克隆技术复制12个自己，想利用以假乱真的方式保住自己的性命。死神面对13个一模一样的人，一时难以分辨，不知道哪个才是真正的目标，只好悻悻离去。但是，没有多久，死神就想出了一个识别真假的好办法。死神又回来了，对他们说：'先生，你确实是个天才，能够克隆出近乎完美的复制品。但是很遗憾，我还是发现你的作品有一处微小的瑕疵。'死神的话音未落，那个真科学家就愤怒地跳起来，大声辩解：'这是不可能的！我的技术是完美的！''瑕疵就在这里。'死神一把抓住那个科学家，把他带走了。"

所以，必须给自己点一盏智慧的心灯，不断提高自我的道德修养，管理好自己的内心，时常克服人性的弱点。

有一个故事非常有启发：从前有一个和尚，每做一件善事，就会为自己点一盏灯。但是，后来他却发现，无论把灯置于何处，不但不能照亮自己，而且还有一个影子总是跟着他。随着功德越做越多，灯也越点越多，太多的灯产生太多的影子，甚至让和尚迷失了自己和方向。最后，他向一位高僧求助，以解脱自己的痛苦。高僧点拨他："其实你只要点一盏心灯就足够了，不用点这么多的心灯，这样既可以照亮你，又没有太多的影子。"和尚瞬间大悟，因为自己心中杂念未除，用点灯的方式来炫耀自己的成就，只会让自己迷失。不要过多地炫耀自己的成绩，而要保持谦虚的心态。过去的一切，只能代表过去，不要背上过去的包袱。只要自己心里明了，一盏心灯足矣。

多用善眼看世界

　　世界上，没有缺点的人几乎没有。有时候，我们看到别人有缺点，感觉不舒服，那么首先看一看自己，自己有没有缺点，是否也让别人不舒服。水至清则无鱼，人至察则无友。如果一个人不能处处容忍别人的缺点，那么人人都变成"坏人"，自己也就无法与其和平相处，因为根本没有什么好的心情去和谐相处。一个人总是以"恶"的眼光去看世界，那么世界无处不是残破的、丑陋的。一个人总是以"善"的眼光去看世界，那么世界总有可爱之处，总有美丽的地方。自己多看别人的长处，就会越瞧越可爱，这样工作的效果也好。自己多看别人的缺点，就会越瞧越可恶，工作的环境也越来越差。所以，我们在工作和交往中，彼此之间要多宽容、宽让和宽饶。

　　尊重身边的每一个人。每一个人都有自己的特长，不要高看自己，而低看别人。尊重别人等于尊重自己，帮助别人等于帮助自己，宽容别人等于宽容自己。有个励志故事非常有启发：一只狮子抓住了一只老鼠，准备把它吃掉，但是经不住老鼠的苦苦哀求而放了即将到口的猎物。那只小老鼠临走的时候说："如果以后有机会，我一定会报答你的。"狮子不以为然地说："你一只小小的老鼠，能帮我什么啊？"后来，那只狮子不小心掉进了猎人设计的圈套，被猎人用巨网一下子网住了。在它生命攸关的时刻，那只被狮子放生的小老鼠带领它家族的全体成员，拼命咬掉了巨网的绳索，结果狮子从而得以逃生。所以，一定要尊重自己身边的每一个人，无论他们的职务高低，身份贵贱，或许在自己面临危难的时候，他就能够拯救我们。

多用善眼看世界必须以宽容、宽让和宽饶作为基础。有容乃大，有让乃安。譬如三国里的周瑜虽然聪明过人，而且是一个大将军，但是其妒忌心很强，也无将军的肚量，特别是对超过自己才能的人，总是百般妒忌，必欲除之而后快。诸葛亮的才能在他之上，所以周瑜心中特别不舒服，多次要加以谋害，幸亏诸葛亮识破他的诡计。后来，他在"既生瑜，何生亮"的悲叹声中死去。对此，后人都认为周瑜是因为量小而自取其亡。可是，曹操的肚量却是很大，所以他能够成就伟业。他对曾经大骂他的袁绍手下的陈琳，不仅不计较过去的怨恨，反而羡慕陈琳的才能，而委以重任，结果陈琳死心塌地地为曹操服务。俗话说，将军额头能跑马，宰相肚里能撑船。有的人能宽容，于是就能够成大业；有的人却不能宽容，于是就会早早夭亡。

宽容待人

　　小事情该糊涂的时候应该糊涂，原则问题该认真的时候必须认真。世界上许多痛苦来自于糊涂与认真的错位，该认真的时候却去糊涂，不该认真的时候却去较真。居里夫人能够获得傲人的成就，与她的糊涂处世分不开。她的丈夫去世后，别有用心的人造了居里夫人很多的谣言，起初她非常愤怒，后来冷静一想：假如自己奋起反击，那么不仅中了奸人的诡计，而且会影响自己生活的心情，更会影响自己追求事业的决心。于是她对这些谣言置之不理，而是一心一意做自己的事。当她再一次获得诺贝尔奖的时候，一些当时中伤她的人纷纷向她道歉。居里夫人只是淡淡一笑："都过去了，还提它干什么？"她心中庆幸，多亏当时装糊涂，否则就不可能有今天的成功。事事不分大小，总是计较不清，对人对己均不利。原则问题自己绝对不能糊涂，必须认真讲原则，而需要糊涂的时候就应该糊涂一些。这样，自己既有立身之本，又有灵活处世的技能。

　　处世忌太洁，至人贵藏辉。林肯是美国最伟大的总统之一，可是他在年轻的时候，也曾经犯过不与人为善的错误。后来，他意识到自己这样做是极大的愚蠢，于是痛改前非，终于成为一个受人尊敬的人。林肯年轻时，不仅喜欢取笑别人，而且总是不顾一切地批评、抨击他人，每每让人下不了台。有一次，林肯无情地取笑了一个自负而好斗的人，正当林肯为自己的杰作暗暗高兴的时候，那个被取笑的人恶狠狠地找上门来，要与林肯决斗。林肯这才慌了，为自己的荒唐而后悔，可是已经来不及了。为了自己的面子，林肯只能与他决斗。但是，论剑术林肯肯定是败家。眼看就要没命的时候，幸亏最后有人出面相救。后来他吸取了教训，不断地严格要求自己，终于成为一代伟人。"凡事谦虚、温柔、忍耐，用爱心互相宽容。"一个人的人生之路是自己造就的，可以走谦虚谨慎之路，也可以走骄傲自大之路。

追求必须有度

人生的追求必须有度，过度就是贪婪，就是烦恼、痛苦，甚至灾难。追求的过程要有智慧的阳光照耀，懂得应该适可而止的人生道理。珍惜自己拥有的东西，不是自己的东西，就不要去贪恋。一个人每天都要与贪婪的欲望作不懈的斗争。

有一则寓言说：一位年老的农夫上山砍柴时感觉特别口渴，于是他就去找水喝。没想到他却找到了一眼能使人年轻的泉水，他喝了以后，一下子就年轻了三十岁。农夫非常高兴，马上回家告诉他妻子这个秘密，同时劝告她不要多喝。他妻子十分兴奋，迅速赶到山上，找到那口泉水就是一顿猛喝，恨不能把这口泉水都喝了。农夫在家等啊等，一心希望等回来一个年轻漂亮的妻子，可是一天过去了，妻子还是没有回来。农夫感觉不对头，赶紧去找。没有想到，在那口泉水边躺着一个正在哭泣的婴儿。他妻子因为贪喝泉水已经变成了可怜的婴儿。因为贪婪，农夫的妻子付出了悲惨的代价。

贪婪之心不可有，否则人生就是悲剧。如果一个人欲壑难填，那么只会落得适得其反、一无所有的下场。什么都想得到，结果什么都难以得到。有一个故事非常有教育意义：英国有一位百万富翁丢失了自己特别心爱的爱犬，于是刊登了一则电视广告，并声明捡到归还者，酬金1万英镑。可广告登出后，收效甚微。于是富翁决定将酬金加到2万英镑。其实，这只狗已经被一乞丐捡到。当他发现寻狗启事上狗的照片，不禁惊喜异常。经确认就是富翁家的那条狗后，乞丐决定第二天就去领赏。可是，第二天乞丐却发现寻狗启事中的酬金已变成了3万英镑。于是，乞丐决定再等等，说不定酬金还要涨。果然，酬金每天都在往上跳，直到变成了10万英镑，乞丐惊喜得决定不等了。当他去抱小狗的时候，却发现小狗已经饿死了。

好胜者易生败，贪便宜者易生祸。"喜欢争强好胜的人，容易招致失败；自恃身体强壮的人，容易患上暴病；占便宜贪私利的人，往往多遭灾难；致力追求名誉的人，立刻会得来诽谤。"一个人的心态必须要保持平和，不要处处争强好胜，也没有必要这样做，并且有点小的挫折是件好事情，可以促使自己头脑清醒。一个慷慨大度的人，并不是不知道金钱的重要，而是知道贪占便宜的可耻，所以才会提醒自己。美名是道德修养的结果，不是欲望的兄弟。一个人的烦恼，多是因为贪婪强出头。一个人的骄傲，多数会带来灾难。如果一个人的贪欲不清除，那么其难有心安和宁静的幸福时光。

知足不辱

心有贪婪的欲望，会导致一个人的烦恼、愤怒、痛苦等坏情绪。生命本来是乐天的，可为而为，不能为而不为，那是智慧的人生。心平气和地生活，不要去生祸厌世。有贪婪，就有灾祸的根源。心魔会祸害短暂的一生，要及时清除。心无贪婪的欲望，就能够吃得香，睡得好。看到别人贪婪的做法，自己也心里难受，认为是吃亏了，后悔自己一点便宜也没有拿着。那么，这些人也是极端的愚蠢。人生没有智慧和定力是不行的。有贪欲必痛苦，不要生活在水深火热之中。

一个人如果把个人利益看得太重要，并且欲壑难填，肯定会活得痛苦，并且容易出事。因为有贪欲的人，最不容易满足，所以这种人永远生活在痛苦之中。他们没有快乐和幸福的感觉，眼睛里只有个人利益，什么道德，什么法律，什么责任……都是忽略不计的。一个人被贪欲的绳子所缠绕，哪里有自由和欢乐呢？因此，人生必须要少一点贪欲，这样才会多一点快乐。不管一切后果去贪婪，不顾一切去坑害别人和国家，这不是一个人的本领，而是在自作自受。境由心造，快乐在心，痛苦也在心，不在外面的物质。没有心中的贪欲，就会活得轻松。

知足不辱，知止不殆。古代的时候有一个在官场很不得意的读书人，烦恼和痛苦之下去请教老子，他说："我读书奋斗多年，仍然谋不到一官半职，很惭愧，我该怎么办？"老子面对那位烦躁的读书人，开导说："名与身孰亲？身与货孰多？得与亡孰痛？是故甚爱必大费，多藏必厚亡。知足不辱，知止不殆，可以长久。"读书人听了那番道理，呆呆地望着老子，一副大惑不解的样子。老子看读书人不是很理解，便又不厌其烦地解释："……祸莫大于不知足，咎莫大于欲得。故知足之止，常足矣。"读书人后来听懂了，虽然一时不理解，但也只好苦涩地点点头，不吭声走了。得到与失去，总是二者相依。有些东西，你表面得到了，但是实际上你失去更多。有些东西，虽然你没有得到，但是实际上你得到更多。所以，一个人要智慧地看待人生所得和所失。

有信心总会赢

　　哀莫大于心死，持消极的心态做什么都是大败局，并且事情还没有开始做，其败局就显露了。消极心态的人，就是自己有优势，也会把宝贝放错了地方，结果自己的优势也变成了自己的劣势。因为宝贝放错了地方，也是与废物一样的。实际上，彻底丧失自己的信心，是自己的最大劣势。持积极心态的人，即使自己有劣势，也不会忽视自己的劣势，总是想办法去改变那种恶劣的生存环境。他们面对自己的劣势，不是伤心哭泣，而是努力去奋斗，去改变。也许在一定的条件下，劣势就会变为自己的优势。因此，重新树立自己的人生信心，是自己的最大优势。人生的优势与劣势，其实是相对的。有的时候，它们相互之间会发生根本性的转化，关键是一个人的心态。积极心态，劣势可以转为优势。消极心态，优势也可能转为劣势。

　　应该学习太阳的风格，让自己的好心情每天像太阳一样升起。你看：每天的太阳从来不知疲倦、不知忧虑，永远鲜亮地从东方升起；每天的太阳从来不会沮丧、不会痛苦，总是灿烂地微笑着；每天的太阳从来不烦恼、不愤怒，始终唱着欢快的歌；每天的太阳从来无怨言、无消极，时时用爱心去温暖大地；每天的太阳从容执着、积极向上，总能挥开乌云散发万丈光芒。如果我们能够拥有太阳的心态，那么每天都是崭新生活的开始。虽然乌云一时遮盖了太阳，太阳也不愤怒或者烦恼，她总是默默地等待，因为有信心等到云开雾散的时候。我们不但要欣赏娇媚的月亮，更要欣赏灿烂的太阳。学习太阳的阳光心态，学习太阳的奉献风格，学习太阳的积极态度，学习太阳的执着精神。

培养自我赞许非常重要，因为自我赞许是一种积极的力量。英国诗人约翰·密尔顿认为："你的心，可以创造一个天堂般的地狱，也可以创造一个地狱般的天堂。"渴望别人赞许的人，多有消极、自卑的情结。其实人不可太消极、太自卑，因为消极自卑有碍发展，更阻碍成功。虽然过分谦虚意味着骄傲，但是过分自卑意味着封闭。不能生活在别人的阴影中，人生无定势，奇迹总会有，机遇靠准备，关键是自我赞许、自我努力。与其自己整天唯唯诺诺，低三下四，寻找别人的认同，不如忍耐，卧薪尝胆，默默艰苦努力。积极的念头会鼓励一个人奋发前进。再无能的人也有一丝长处，再伟大的人也有自身缺陷。消极自卑容易丧失信心，更容易迷失人生方向。一定要克服消极自卑的心理。

随遇而安

　　要用积极的心态来给生命配乐，哪怕我们的心灵一时受伤，这样我们的生命就有了绚丽的色彩。别指望与人分享痛苦，既然自己有伤痛，那么只能自己来疗养。并且只能用积极心态来疗养，绝对不能用消极心态来疗养。许多人会与你分享快乐，一旦当你遭受痛苦时，就会远远地躲开你。因此，当你快乐时，要头脑十分清醒地、冷静地观察向你欢呼之人，而一旦当你痛苦时，也不要介意无人来探望你。智慧的方式是：藏起自己的痛苦，露出自己的笑脸。因为笑总比哭好。生活就是这样的，你对它微笑，生活也是微笑的。你对它哭泣，生活也是哭泣的。看重自己的生命，让生命充满快乐的乐章，这是人生的技巧。无论生活是烦恼，还是痛苦，都要有勇气去面对，去克服或者解决。

　　不可片面看问题，否则世界就是残缺的、不完美的。不要因为恶而看不到善，片面看问题容易产生消极心理。譬如不要因为少数人的腐败行为，而看不见多数人的廉洁奉公；不要因为某个人的一点污点，而看不到他身上的闪光优点；不要因为生活的暂时困难，而产生对整个人生的绝望；不要因为夫妻偶尔的吵架，而全然感受不到恩爱的时刻；不要因为自己一时的心痛，而失去对生命的全部热情。一个人对于生活缺乏热情，容易去消极片面看问题。但是，一旦没有热情，所有的人都会离开，没有一个人喜欢与冷冰冰的人打交道。所以，人生充满热情非常重要。根据自己的好恶，片面看问题，这也是消极的行为。用积极心态，全面了解世界，全面了解社会，全面了解别人，全面了解自己，显得格外的重要。

　　生存的能力，就是适应的能力。积极心态的人，总是能够到什么山上唱什么歌，到什么场合说什么话，到什么环境过什么生活，一切都能够顺其自然，没有什么抱怨，没有什么自暴自弃的行为。他们认为，个人总是渺小的，适应社会的大环境最为重要。改变世界总是困难的，而改变自己总是容易的。于是，他们想方设法去改变自己。实际上，随遇而安，心态则平。自己少有失落感觉，自己少有抱怨心理，面对现实、不断努力才是最高境界。于是，他们会生活得越来越好。至于消极心态的人，一味抱怨只会招致自己更加痛苦，没有好心情生活，恐怕倒霉的还是自己。于是，他们在哀叹中只能生活得越来越差。

清除心灵的枷锁

"许多情况下，束缚我们思想的，影响我们生活的，带来痛苦的，不是什么桎梏和绳索，也不是人生道路上的绊脚石，更不是什么妖魔鬼怪，而是我们自己的心灵枷锁！"有一个男子住在河的东岸，他的岳父住在河的西岸。岳父生日那天，他驾船去向岳父大人祝寿。席间大家畅饮甚欢，人人皆醉。寿宴结束，已是深夜。岳父岳母邀请他住下，他死活不肯。辞别岳父母，摇摇晃晃地上了船，并且拼命向对岸划去。不久，因酒力上涌而迷迷糊糊地睡着了。次日清早，醒来却发现船儿仍停在原来的岸边。于是恐惧万分，以为见鬼了，他尖叫着没命地跳上岸边。一上岸却被东西绊倒，重重地摔了一跤。于是更加恐惧，以为鬼在纠缠他。后来却发现原来是系船的缆绳，那条船仍绑在码头的铁链上，一点都没有动。

现实是无法逃避的。每天都有每天的烦恼，你不可能去逃避，明智的办法就是勇敢地去面对。活在当下，把握好今天。今天的烦恼和痛苦，是实实在在无法改变的，所以要积极想办法处理。有个例子非常说明问题：一年一度的秋天又到了，大地落叶一片。清洁工抡起大扫帚清扫着马路。面对又是一个烦琐而枯燥的清扫过程，清洁工非常苦恼。他突然想到：如果能尽快把这活干完就好了，自己不但轻松了，而且可以去郊游了。于是，他仰望着这一路的高树，心想把树叶摇晃下来，就可以把今天和明天的活一起干了。说干就干，他一路摇晃，那些快要掉的树叶纷纷落下。可是，第二天一早，当清洁工收拾妥当打算去郊游的时候，发现他负责的马路还是满地的落叶。不扫怎么行呢？结果他取消了郊游的计划，又拿起大扫帚去清扫他负责的马路了。

现实的生存环境再差，也是你现在立足的基础，更是你不能回避的困难。一味埋怨当下的生活环境，只会让自己的心情更加恶劣，于是越没有生活的好心情。现实生活是没有办法迅速改变的，能迅速改变的只能是我们的心态。心态改变了，再艰苦的环境也有快乐的时光。泼出去的水是收不回来的，已刻成舟的木头是无法恢复原状的，知道了这些十分简单的日常道理，人就能心平气和地处理任何问题。生米已经煮成熟饭，再去悔恨以前的东西，一点益处都没有，唯一明智的办法是："如何妥善处理后面的事情，别让事情弄得更糟糕。"人与人不一样的地方，往往是在于处理现实问题的态度：是积极想办法去克服困难，还是只会抱怨而无所适从。

不盲目羡慕

　　盲目羡慕是没有幸福的。生活的无奈、人生的烦恼总是客观存在的，关键在于如何调整自己的心态。即使现在的生活状态不是自己所喜欢的，也要学会良好的调节。把心态调整好了，一切就会变得美好起来。一条命运河的两岸，一边住着一帮凡夫俗子，另一边住着一帮僧人。开始，凡夫俗子们对僧人们诵经撞钟的生活十分羡慕，而僧人们也对凡夫俗子们田园般的生活十分向往。于是，他们都向上帝请求要到河的对岸去生活，善良的上帝同意了他们的要求。可是没有多久，凡夫俗子们就烦恼起来，因为僧人们单调郁闷的日子让他们无所适从。而僧人们也因世间无尽的烦恼和困惑而心力交瘁。于是他们又请求上帝让他们回到了以前的生活。

　　改变自己的生活态度。改变环境很难，改变自己则较为容易。与其改变你所处的环境，不如先改变自己。努力改变自己的某些观念和做法，以适应环境。当自己改变后，眼中的世界也随之改变了。遥远的山中有一个小国，这个国家的人都喜欢赤足而行。有一次国王出外去访查老百姓的疾苦时，他的脚板被石头扎伤了，于是很是恼怒。回到王宫他下诏要求将所有道路都铺上一层地毯！当然国王之令，举国都要服从。但是，倾尽全国的财力物力之后，也只完成了一半的道路。这时有一个智者大胆向国王谏言："我们何不用两小片厚布包住脚呢？这不就解决脚下之苦了吗？"聪明的国王采纳了这个建议，并且马上行动。从此这个王国里的所有人都开始穿鞋子，也不再受到出行扎伤脚的疼痛了。

生活中要学着从不同的角度来思考问题，因为现实的世界是多元的，也是复杂的，不能用单一的思维来思考，必须要运用多种方式来思维。对于现实生活中的同样一个问题，千万不要死钻牛角尖，有时多元思维能带来意想不到的效果。如果此路不通，就换一条路走一走，条条道路通罗马。换一个方式，自己生存的环境也许别有洞天。换一个方式，自己的思路也许茅塞顿开。换一个方式，自己的思绪也许滚滚而来。换一个方式，换一种心情，许多问题和困扰可能就迎刃而解。固执己见，一条路走到底不是解决问题的办法，头脑僵化更会影响办事效率。跳跃式思维不妨学一学，从不同角度思考问题会有不同的收获。

做命运的主人

　　不同的人生态度，决定不同的人生结果。那些积极乐观的人，总是把自我的命运之舵交给自己，能够严格要求自己，不断提高自我的道德修养，结果最终能够顺利地到达幸福的彼岸。那些消极悲观的人，总是把自我的命运之舵交给别人，或者依靠所谓的命运之神，不能管理自己的内心和行为，结果自己永远在苦海里挣扎。如果自己有了积极的心态，又去不断地努力奋斗，那么世上的一切，不是没有成功的可能。要是自己既没有积极的心态，又不肯好好去努力，那么何有人生的幸福可言？任何的机遇和成功，都不会倾慕那些消极悲观的人。如果生命是一艘航船，那么船舵怎样掌握，就决定了什么样的人生。生命痛苦不痛苦，人生烦恼不烦恼，首先是人生态度决定的。有了积极的人生态度，做什么都会产生奇迹的。

　　人生的道路不但是自己选择的，而且是自己每天走出来的，所以把握好当下的心情，拥有一个好心态是非常重要的。其实人的一生命运如何，很大程度取决于心境的好坏。如果我们的心态是好的，那么就好像生活在快乐的天堂，即使每天的生活很平凡，也能够在平淡的生活中发现许多美好的东西。如果我们的心态是恶劣的，那么就好像生活在痛苦的地狱，即使有丰富的物质生活，也感觉自己的精神是空虚的，日子就是折磨，时间就会难熬，生活是愤怒、烦恼和痛苦的。心态决定命运，也决定日常的言行。如果我们的言行是善，那么我们就是天使；如果我们的言行是恶，那么我们就是魔鬼。人生是自己来塑造的，不是别人决定的。自己爱自己，学好人，做好人。不要对美好的东西，总是冷漠无关；不要对丑陋的东西，总是熟视无睹。自己的人生、生活和生命，健康、快乐和幸福，这一切都是由自己决定的。

改变自己的态度

　　所谓世界的好坏，其实就是一个人的人生态度。有专家认为："倘若自己的看法和内心认为是对的，那么一切都是对的。如果自己的看法和内心认为是错的，那么一切都是错的。"因此，要改变世界，改变人生，首先要改变自己的态度，变消极的人生态度为积极的人生态度。

　　所以我们要坦然地活出自我来。如果你总是自我感觉不错，充满信心和力量，那么就不要理会别人的各种评价和指责，否则就有莫名的烦恼。因为尽管自己认为是那样的无可挑剔，可是我们永远无法封住他人的嘴巴。譬如如果你经常乐于施好，那么就要快快忘记自己的善行，不要期望任何的回报，这样一旦别人有忘恩负义的时候，也不会仇恨满怀，以免影响自己的心情。如果你一直在修炼自己，那么就不要在意别人的刻意评价。好像我们对待天气的态度一样，不管天气如何，都不会影响自己的情绪。人生有时候非常的矛盾，有时候又会非常的痛苦。譬如一个人若想活得拥有自我一点，不为世俗的名利所羁绊，就会违背很多人的行事方式，或者要冲破所谓的潜规则，但结果会落得愚蠢和无知的恶名。譬如一个人若想获得很多人的认同，就要去掉自己特有的个性，磨去所有的棱角，消除锋芒，随大流生活，但是容易郁郁而终，于是这样活着又会于心不甘。所以，积极心态的人就会很好地处理这些矛盾，既有勇气去正确对待别人的议论，又有智慧和能力去妥善处理好各种各样的人际关系。至于那些消极心态的人只会感觉做人的难处，永远生活在痛苦之中。要有自己的人生态度，要有自己的人生准则，要有自己的行为方式，要自己选择自己的人生道路，那么自己将来什么都立得起来。

不持消极态度，多有感恩之心。一个人倘若常怀感恩之心，那么就会发现人生的美妙，世界的可爱，就能够激发积极向上的热情。既要真诚地感谢生命的奥妙，又要深情地感谢人生的奇特，更要诚挚地感谢生活的缤纷，特别要感谢祖国的强大和人民的勤劳，唯有感恩之心才能驱散日常生活中的各种烦恼，才能消除那种致命的消极心态。譬如工作或者生活中暂时遇到困难，多想戈壁滩上红柳之坚韧，人生就会变得更坚强。多思天际降临的甘露之奇妙，生命就会变得更灿烂。多叹香喷喷的稻米来之不易，生活就会变得更美好。我们越感恩，心灵越清醇，则世界的愁忧和烦恼不会有！我们不仅要精神愉快好好地活着，而且还要活出绚丽的人生来！感谢一切应该感谢的事情，我们的心情就会快乐起来。不感恩，光索取，一旦目的没有达到，心理更会不平衡，心态更加恶劣，这是十分愚蠢的人生。

变压力为动力

积极的人生是把压力变为动力。有压力，才有动力。要正确对待人生的各种压力，没有压力一个人会变得松松垮垮，平平庸庸，于是一生什么都干不成。学习有压力，才能够学透、学好。工作有压力，才能够做好、做精。事业有压力，才能够有成就。并且事业的压力越大，其取得的成就也越大。积极的人生是不断地把各种压力变为前进的动力，消极的人生是把各种压力变成人生的阻力。压力是一块试金石，也是助推剂；压力是长鸣钟，更是勤奋"鞭"；压力让弱者退却，而使强者奋进。压力会使一个人突破人生的极限，从而去创造自己的辉煌人生。有一定的压力是好事情，而不是坏事情。一定要变各种压力为人生的动力，不为压力所烦恼，更不被压力所畏吓。变压力为动力，是一个人的勇气所在，也是一个人智慧的体现。

回避矛盾和躲避困难都是消极的行为，莫学"鸵鸟政策"。对于困难和矛盾，躲过了今天躲不过明天。债不还，是要生利息的。回避矛盾是不现实的，躲避困难是不明智的，而惧怕问题则是懦弱的。一味退让解决不了什么问题，充耳不闻减轻不了什么困难，与世无争回避不了什么矛盾，反而会使问题越来越复杂，困难越来越大，矛盾越来越重。矛盾要想办法进行调解，困难要想办法进行克服，问题要梳理清楚、妥当解决。正视现实，勇敢面对，才是积极的人生。学习与工作的困难和矛盾，要用毅力去克服和解决。生活的困难和矛盾，要用理智去克服和解决。人际的困难和矛盾，要用智慧去克服和解决。困难和矛盾，有时候是很奇怪的，你越是害怕它们，它们越会来劲，结果越不容易解决。如果你不恐惧它们，它们就会退缩，结果就容易解决。

　　没有一幅画不被人随便指点，没有一个人不被人乱评价，重要的是自己要有积极的人生态度。托马斯·布朗爵士说："生命是一束纯净的火焰，我们依靠自己内心看不见的太阳而生存。"有一个画家画了一幅自认为得意的画。为了验证自己正确的感觉，他就把这一幅画拿到市场上展览，并且在画旁边放了一支铅笔，如果参观的人们有不同的批评意见，可以随时在上面打上记号。到了晚上，画家拿回来画，发现画上面密密麻麻都是记号，没有一处不被别人无端评价的。画家非常不快，决定再试验一次。他把密密麻麻的记号清除以后，又把画拿到市场上展览，同时希望参观者对于满意的部分，可以在上面打上记号。等到画家拿回画来时，发现画上又是密密麻麻的记号，过去被指责的地方现在都是赞美。画家终于感悟，认为一幅画最重要的是自己要满意。

生活是自己创造的

　　生活的质量是自己创造的，要用热情和智慧去创造生活，而不能消极地去糊弄生活。你怎么对待生活，生活也会怎么对待你。生活是自己创造的，生活质量的高低都是自己造成的。一个技术精湛的老木匠到了退休的年龄，其老板希望他在退休以前再建造一座房子。虽然老木匠勉强答应了，可是他的心思已经不在工作上，每天魂不守舍，就盼望着早点退休。对于房子的用料不是选用上好的木材，而是随便用料，有什么就用什么。对于做工，不是益求精，而是得过且过。当房子建好的时候连一般的工人都对房子的质量摇头。老木匠顾不了这么多，他就盼望着早点退休。可是，老板却把这座房子送给了老木匠作为其退休的礼物。老木匠感到无地自容，羞愧万分。结果老木匠退休以后天天住在自己粗制滥造的房子里，备受心灵的煎熬。

　　生活的好坏，主要的决定因素不是物质（物质只是基础），而是一个人的心情。心情好，生活也好。心情恶劣，生活也差。假如自己心灵很痛苦的话，那么物质生活再富裕，也并不意味着生活质量的提高。譬如说，房子是死的，人是活的。再豪华的房子，如果没有人去居住，那么也是一座恐怖的坟墓。所以说，房子因为人而生动，而有生气。许多时候心灵的力量是巨大的，可以彻底改变我们的生活。特别是解决了生活的温饱，决定生活优劣的是心境的好坏。所以让快乐的小鸟总飞翔，能够保持我们的生活质量。

不去思想无用的事项，自己要快快活活过好今天，这才是自己真实的人生。思虑过度，本身是一种愚蠢。明天还要生活下去，快乐活好每一天。越消极越没有活路，积极者乐观看问题，悲观者消极看问题。为什么乐观看问题很重要，因为它能够使一个人的心情愉快起来。悲观看问题，只能使一个人的心情忧虑起来。所以说，任何害怕不测降临的思想都是徒劳的。胡思乱想是非常糟糕的事情，重要的是怎样去解决将要发生的问题。譬如昨天害怕会下岗失业，今天害怕会疾病缠身，明天又害怕贫困潦倒……一个人要是一天到晚这样寻思，谁还会有勇气生活下去呢？与其自己这样无聊地思虑，甚至烦恼，自己找不痛快，不如快乐地做好每天的事情，譬如认真地学习，努力地工作，埋头事业等。

不急功近利

　　做人、做事，绝对不要急功近利，目的性太强，功利性太盛，否则人生会吃大亏。我们看一看大千世界，那些惯于搞短期行为的人，没有几个有好下场。那些不善于踏踏实实做事、老老实实做人的人，没有几个能成功的。为什么会这样？因为一切依靠投机取巧，戴着人生的近视眼镜，去寻找所谓的人生定位，哪里会有长久的安乐和幸福？！如果一个人的生命之舟总维系着功名的追逐，那么其身心就成了名利的奴隶。如果光知道追求名利，那么你别指望获得幸福和快乐。绝大多数人，并不了解他们的幸福是自己造就的。只有少数有卓越成就的人，才了解自己应该追求什么，并且有所计划。一个人在自己的一生中不清楚自己要什么，而且如何去获取，那是不幸的。一生贪婪去追求名利，你的目标虽然明确清晰，但是你已经成为名利的奴隶。

　　为人不可过于聪明，要智慧不要小聪明。聪明虽然是一件好事，因为没有人想愚笨地生活和工作。问题是不能要那种卖弄学问式的聪明。譬如，有时候一个人在公众场合说理太多，会被他人认为是一种争论，一种卖弄。所以，最好是适当沉默，或者只讲不得不讲的道理。为人最好是谨慎一些，这是最好的策略。聪明反被聪明误的事例，在生活中比比皆是。为什么聪明人多一事无成？佚名者一针见血地指出："这世界上真正有成就的往往不是第一流的聪明人，而是第二流聪明加第二流愚笨的那种人。太聪明，就把什么都看开了，不肯做傻事，花笨功夫了，也就没希望了。"心机用得过多，既是烦恼，又是痛苦和不幸。一般狡黠的人，表面看，好像是很聪明，实际上，其自己容易不得要领，或者自坏其事，自相矛盾。

　　能够做大事情的人，首先是从做小事情开始的。"如果能把小事办好，大事也就会自然地顺利发展。""每一个工作都是由许多细节所组成的。""如果忽略了事情的任何一部分，都会在日后造成大问题。"如果你没有办法处理那些细节的工作，那么你的生活就会有许多的烦恼，而且你的人生也会危机重重。那种小事不愿意去做，大事又做不来的人，肯定会经常遭遇人生的困难和绝境。事情不分大小，应该一样的重视。当然，分清楚事情的轻重缓急，是非常重要的。什么应该现在去做，什么应该放在后面去处理，心中应当明明白白。伟人，也是从做小事情开始的，更何况我们普通的人。不要认为自己是多么的伟大，是多么的出色。实实在在做人，做事，是最为重要的事情。

不追求表面的东西

　　"高贵"不贵，虚荣坏事。你以虚荣之心，去欣赏"高贵"的东西，越会心神不宁，越想用"高贵"来打扮自己，最后变得人不像人，鬼不像鬼。变得不能主宰自己，永远是一个奴隶。不要刻意追求那些所谓"高贵"的东西，否则就会付出沉重的代价。千万不要以为追求"高贵"，是一种高雅的举动，是与人不同的壮举。有时追求"高贵"的东西，会让你付出惨重的代价。虽然人生路上有些东西看上去很"高贵"，但是不一定适合你，就不要去想，更不要去拿了。做人依靠的是一个人的品行，一个人的能力，而不是一个人的虚荣和面子。面子不是别人给的，而是自己争取来的。虚荣和面子是害人的东西，而不是增添一个人光彩的东西。人的一生，应该追求什么？不是追求表面的名利，而是应当去追求内在的道德修养。

　　别到处吹嘘自己，即使有成绩，也是属于过去。做人不能光用自己的语言，还必须用自己的行动。一个真正有本领的人，多是保持沉默少言的状态。没有人喜欢用语言作为人生指南的。只有那些没有本领的人，才会到处吹嘘自己有什么什么本领，其实这是一个人自卑情结的表现，也是没有能耐的表示。"真正有能力的人不必吹嘘自己的成就，因为他的行动可以表达一切。吹嘘和夸口其实表示并不真正了解自己，也不能确知在世界上的价值。""有些人总是冷眼旁观，等着事情发生；有些人则心怀好奇，猜测着什么事情会发生；另外，有些人则会身体力行，促成事情的发生。""以行动表达一切，向别人证明你的能力，这比光说不做更能赢得别人的钦佩。信口开河容易，但终究不能证实你的能力。"多说，是烦，也是祸。语言多，行动少，也是一种急功近利的现象。

苦难是最好的老师

　　社会是一所学校，苦难是最好的老师。没有苦难的教育，一个人就不知道苦难为何物，幸福是什么，于是就不能真正地、深刻地了解社会，当然也不可能智慧地忍耐苦难甚至躲避灾难，更不能彻底感悟人生。苦难能使自己奋发，苦难能促自己成熟，苦难能使自己坚强和刚毅。大凡一个成就伟业者，总是先要经历一番磨难。没有苦难关，何来成就感。历经苦难，能够坚信，必定能够创大业。只有经历过苦难的人，才最知道什么叫珍惜，什么叫幸福，什么叫感恩。譬如一个人离开父母独自去闯荡世界，才能真正体会什么叫苦难，也能够体会什么叫出门不容易。因此苦难是人生的核动力。不要羡慕那种"蜜罐式"生活，表面看是幸福，实质上是悲伤。少年甜蜜，老年吃苦，那是非常悲哀的人生方式。

　　让我们看看大自然吧。

　　譬如雄鹰就是通过磨难教育培养出来的。雄鹰不但是百鸟的骄傲，而且是天空之王，它们可以飞越千山万水，领略一路美丽的风光，但是它们并不是天生就是这样的。雄鹰的成长是经历各种磨难的，如果没有这些磨难，那么雄鹰就不可能享有这种美名。雄鹰一般生活在悬崖上，幼鹰"起初只敢在岩缝的巢穴中扇动几下翅膀，慢慢地，它学会用双爪抓住岩壁的边缘练习飞翔"。可是，一开始它非常胆怯，不敢离开岩石半步，更没有勇气飞向天空。鹰妈妈"为了给小鹰树立信心，将它拖在背上，等飞进空中的时候，就把它丢出去，让它自己挣扎着飞行。一次又一次地飞起坠落，它才终于成了矫健的雄鹰"。小鹰如果不离开悬崖，那么它永远不可能变成雄鹰。但是，变成雄鹰的过程，却是十分痛苦的。因为小鹰被丢出去的时刻，要么挣扎向上，要么一路坠落，直至死亡。

在痛苦中成长

　　没有磨难的时刻，哪有成长的喜悦。其实磨难教育不是人类的专利，好多生物也是这样的。我们从自然界的诸多生物中更可以获得许多关于磨难的人生启迪。譬如有一种飞蛾，它的名字很响亮，叫"帝王蛾"，其成长的过程是充满磨难和危险的。因为它在幼虫的时期，是在一个洞口极其狭小的茧中度过的。当其成熟的时候，帝王蛾必须拼命挣扎出茧口，才能成为蛾。如果不能挣扎出来，那么只有死路一条。但是，在往外冲挤的时候，经常会出现因力竭而死亡的事情。于是，曾经有人动了恻隐之心，故意将茧口剪开，以方便幼虫钻出来。但是，那些轻易钻出来的幼虫都不能成为"帝王蛾"，它们在钻出来后不久就默默地死去了。"原来，那个窄小的茧口恰恰是幼虫成长的关键。通过用力穿越和挤压，它身体里的血液才能送到蛾翼的组织中去。唯有两翼充血，帝王蛾才能振翅起飞。"

　　另外，良马都是自己站起来的。马驹在出生的时候，如果有人帮助，就永远不可能成为一匹良马。刚刚生下来的小马非常脆弱，可是它不是躺在地上，却要力图马上站起来。因为没有什么力气，所以它很快就倒下了。这时母马走上前去，它不是去帮助，而是用力对着漉漉的马驹鼓动鼻息，用特殊的方式去鼓舞，而后离开一点站着。马驹受到母亲的鼓舞，于是信心百倍，自己更加用力，两条后腿也慢慢支撑起来。它站起来了，并且试图向妈妈那边走过去，但是母马偏偏向后退一两步。马驹又跌倒了，其样子极其可怜。如果有人想过去帮助一下马驹，牧马人是坚决不让的。因为如果有人一扶持，这匹马就永远成不了良马。马驹在不断的挣扎、奋斗中，终于依靠自己的力量站起来了，为以后成为一匹良马打下了扎实的基础。其实，人生也是如此，越磨炼越坚强，越坚强越有自己的幸福。

在痛苦中磨炼自己，在痛苦中成长自己，在痛苦中成熟自己。痛苦是磨难的象征，一个人若承受不了什么痛苦，那么就难以攀登人生的顶峰。痛苦能够培养一个人的刚性、韧性，在痛苦中能够磨炼自己，促使自己不断成长，所谓百炼成钢。幸福和痛苦是相对的，没有人生的痛苦，也无所谓人生的幸福，所以回避痛苦是不现实的，也是没有必要的。经历痛苦是人生道路上必须要有的过程。没有痛苦的人生，是绝对不可能的，所以重要的是学会如何与痛苦打交道。消极地承受痛苦是悲观的人生，积极地承受痛苦是乐观的人生。与幸福一样，痛苦也是一种感觉，有些人以苦为荣，以苦为乐。能承受的痛苦越大，成功的概率也越大。痛苦是一种人生的营养，而不是消极剂。在痛苦中迷失自己的人，是最没有出息的。承受痛苦，解脱痛苦和烦恼，是一种生存的本领。

积极生活，不累

　　"累"是现代社会的通病。人们不仅为生活所累，而且还为金钱、工作等所累。"累"已成为人们的习惯，还成为生活的主旋律。"累"不仅使自己产生烦恼，失去快乐，也使自己丧失健康。医学专家认为："烦恼与心脏疾患、高血压、胃溃疡、风湿、痛风、糖尿病、甲状腺异常、神经性疾患等皆有关联；同时它也是'美容上的大忌'，严重时则会造成精神失常，甚至自杀。"所以，卡耐基先生劝告天下人："要避免紧张、不安、急躁、恐惧、愤怒、憎恶、嫉妒、焦虑、忧烦、不平、悔恨、绝望等情绪。设法开创开朗、和平、安详的精神态度，以积极、自信、勇气、智慧和愉快的心情，迎向未来。"

　　让自己感觉到每一天都是很新鲜的。长期的单调、平淡和乏味的生活会影响现代人的身心健康。假如，一个人每天都感到很乏味，就会无精打采，情绪低落。如果让自己感觉到每一天都是很新鲜的，就会精神饱满，情绪高涨。

善于从平淡的日子里，发现新奇的东西，这是一个人会生活的本领。世界上万物的改变虽然是很慢，但是我们自己心情的改变却能很快。景色依旧，心情已经不一。生活的快乐在于寻找，生活的好心情在于创造。昨天有昨天的新奇，那份余香还在心头；今天有今天的新鲜，那份喜悦刚刚开始；明天又有明天的期盼，那份憧憬让人激动。

人生苦短，须活在当下。人的生命是相当有限的，人活不过树木，更不用说苍石，所以我们感觉她是多么的宝贵。如果生命是无限的，那么明日复明日，一切就会到明日再说。如果生命是无穷的，那么她就会像沙土一样廉价。正因为人不知道哪天会死，所以才会格外地珍惜生命，不虚度一生。智慧的人多能人生顿悟，看淡尘世的物欲，抵御各种诱惑，善去烦恼和痛苦，不累心不烦恼，惜时如金，提高生活的质量，丰富人生的内涵，踏踏实实做些有利于社会的事情，从而流芳百世。愚蠢的人一般是混沌人生，一生只会贪求名利，在烦恼和痛苦中过早地耗尽生命的"灯油"。昨天已是过去，明天还未到来。最重要的还是今天。昨天只是一种记忆，随着时间的流逝，这种记忆会逐渐淡忘。明天只是一种虚幻，只会增加莫名的痛苦。只有今天的生活才是实实在在的，能够真实地感受快乐和幸福。

不要声声叹息

　　永远无法逃避现实，只有勇敢地面对。现实的生活再烦再苦，也是真实的；虚幻的生活再美再艳，也是不真实的。人只有真实地生活在现实的社会里，细细品尝人生的喜怒哀乐、甜酸苦辣，才会感觉生活还是有滋有味的，才会感觉人生是十分珍贵的。现实是永远无法逃避的，你高兴也罢，痛苦也罢，现实总是客观存在的，能改变的仅是一个人的心境。逃避现实，拒绝现实这种做法是天真的、幼稚的。现实再残酷无情，我们也得心平气和地面对，因为我们总得生存下去。没有生活的好心情，何来生存的勇气？欣然地接受现实，坦然地承认现实，这是智慧的人生。"谋事在人，成事在天"，纵使现实是一个严寒的冬天，也会有笑傲寒风的腊梅在怒放。

　　不要认为高消费的生活就是高质量的人生，特别是为高消费的生活而累是愚蠢的。这是一个似乎是主张高消费生活的年代，形形色色的宣传高消费生活的广告铺天盖地向我们扑来，许多人在各种高消费生活广告的陷阱中挣扎。另外，一种浅薄的人生观认为："会消费就是壮丽的生命，会消费就是灿烂的人生，谁消费得越多，谁消费得越高，说明谁就挣得越多，谁就是英雄豪杰，谁就没有白活一生。"于是，在争先恐后的高消费生活的热潮中，一些人迷失了人生的方向，一些人失去了可贵的生命，一些人失去了珍贵的自由，一些人失去了宝贵的时间，一些人失去了自己的人格，一些人失去了自己的灵魂。向高消费生活屈服的人是可悲的。

在平凡的生活中不要声声叹息。生命属于自己，我们何必非要让平凡的生活充满沉重。《生命与契机》中说："不强求任何不属于自己的东西，甚至也不必为错过的机会叹息。生活中每天都是一个新的起点，相信太阳还会不断升起又升起。"自己一定要想明白，不属于自己的东西，再美好无比也是徒劳的，更是空悲伤。自己不必为身边其貌不扬的妻子而沮丧，更不必为失之交臂楚楚动人的情人而"一声叹息"。自己不必为没有实现的梦想而懊恼，也不必为错过的机会而痛哭，是自己的总是迟早的事，不是自己的，再叹息也无用。把叹息的东西丢掉，也许生活会变得轻松，可能是一种福分。

一分耕耘，一分收获

有付出，就会有回报。"一分耕耘，一分收获。"假如你想拥有美好的生活，就必须辛勤地去学习和工作。世上的任何果实，只有经过辛勤的浇灌和培育，才能够等到品尝甜蜜味道的一天。人生的目标就像果实一样，只有用自己的汗水和心血去呵护浇灌，才能有快乐和幸福的收获。"Nothing is impossible"，世上没有不可能的事情，只要有"决心"、"恒心"和"勇气"，就能够达到理想的目标。世上也没有唾手可得的成功果实，只能去努力，去奋斗。相信自己的能力，制订正确的人生目标，成功就会降临到每一个勤奋者的身边。每天只是无所事事的等待，烦恼的攀比，除了失望、沮丧将一无所获。人生充满了机遇，但是机遇只垂青那些不懈地奋斗者，不要空等待、空抱怨，踏踏实实去做才是收获成功果实的唯一途径。

世界上没有特别的炼金术。有个心怀侥幸的农夫，为学到炼金术而不惜散尽家财，结果穷困潦倒，差点妻离子散。岳父为让他醒悟，自称通晓炼金之术，让女婿去找炼金材料：5公斤自家种的香蕉叶上的绒毛，以备炼金之用。农夫大喜，回家就将荒芜多年的地上到处种上香蕉。每年香蕉成熟后，他悉心搜刮叶子上的绒毛，而他的妻子则去卖香蕉。10年后，农夫提着5公斤的绒毛来向岳父讨要炼金术。岳父为他打开家中的一扇门，屋里是他10年里所种的香蕉换来的黄金，农夫恍然大悟。后来他辛勤劳作，终于富甲一方。每个人都渴望成功，都渴望能寻到一条通向成功的捷径。只可惜世上并没有现成的成功之路，要想成功就需要付出艰辛的努力和辛勤的劳作。

精耕细作，每天去努力。努力是对人生信念的一种执着，努力是实现人生成功的唯一方式，只要努力就能有收获。譬如，每天都在走路的人，那么他最终将走遍全世界。每天都在学习的人，那么最终将变得很有学问。每天认真地做一件事，每天进步一点点，日积月累，就会有大的收获。世界上快而好的东西，总是非常的稀有。俗话说，"慢功出细活"，"磨刀不误砍柴功"。如果太快了，就会因为粗糙而失去想要的效果，就会让已付出的劳动白费。只有踏踏实实，精耕细作，才能将工作做好，才能日积月累换来成功的一天。努力是人生的真谛，努力是驰骋人生的法宝。人生只要付出了努力，无论是否最终获得成功，回首往事时都会无怨无悔，因为努力付出过就是对人生最大的负责。

不做"聪明人"

聪明人往往不去"傻努力"。聪明反被聪明误，聪明过头实际上就是愚蠢。这世界上真正能够成功的，往往不是第一流的聪明人，而是第二流的聪明加第二流愚笨的那种人。因为自认为太聪明的人，就会把什么都看得太明白了，所以就不肯做所谓的"傻事"，花笨功夫，于是也就失去了成功的机会。聪明人往往都一事无成，倒是一些"傻子"成就了大事。因为知道自身的不足，他们肯花大力气，肯下死功夫，愿意为了成功竭尽全力。成功之神也会在适当的时候来到他们的身边，成功只会光顾那些为了成功甘愿流汗出力的人。聪明是上苍赐予的礼物，但是如果不能很好地利用，聪明反会成为成功的障碍。千万不要把聪明作为骄傲的资本而失去努力的动力。

持之以恒去积累，去努力。有一位年轻人拜一位著名的大书法家为师，学习书法。他耗费了整整 10 年的时间，可其作品还是远远比不上他的师傅。年轻人开始怀疑师父故意不传授他真经，于是就向师傅告辞，准备另寻良师。

下山前师傅送给他一箱东西，让他好生看管。下山后，年轻人打开箱子，发现里面装了好几十个磨穿了底的砚台。年轻人突然间恍然大悟。于是，再次返回山中，向师傅诚恳认错。从此后他隐居了几十年，勤学苦练，终于完全学到了师傅的真经，成了一代书法名士。"书山有路勤为径，学海无涯苦作舟"，知识的增长靠的是聚沙成塔，集腋成裘的长期持之以恒的积累，成功的真经就是那种能把"铁杵磨成针"的精神。

财富是通过自己辛勤努力创造的。炎炎烈日下，一个农夫挥汗如雨，在开垦一块荒地。身边经过的书生嘲笑道："傻瓜，这样贫瘠的土地，也能长出庄稼吗？"然而，在农夫的精心照料下，荒地里的庄稼长势出奇的好。那个书生又经过此地，见了田里的庄稼惊讶不已："奇迹呀！老天恩赐你这么一块肥沃的土地。"农夫擦了擦汗水对书生说："当我在请求老天恩赐我这块宝地时，有人还曾嘲笑我是个傻瓜呢！"一分汗水，一分成果；一分耕耘，一分收获。宝物永远是你恩赐给你自己的。许多人只看到他人成功后的喜悦和富足，但是并没有关注过他付出的心血和汗水。天上不会无缘无故地掉下馅饼，老天不会无缘无故地赐宝给你。